生物化学实训指导

主　编　陈武哲

副主编　李　杰

编　者　(按姓氏笔画排序)

李　杰　李景律　杨宇虹

陈武哲　张锦辉　欧凌斌

中南大学出版社
www.csupress.com.cn

图书在版编目（C I P）数据

生物化学实训指导 / 陈武哲主编 . ‒‒长沙：中南大学出版社，
2013.8

ISBN 978 ‒ 7 ‒ 5487 ‒ 0933 ‒ 6

Ⅰ . 生…　Ⅱ . 陈…　Ⅲ . 生物化学－高等学校－教学参考资料
Ⅳ . Q5

中国版本图书馆 CIP 数据核字（2013）第 182671 号

生物化学实训指导

主编　陈武哲

□责任编辑　谢新元
□责任印制　易红卫
□出版发行　中南大学出版社
　　　　　　社址：长沙市麓山南路　　　　　邮编：410083
　　　　　　发行科电话：0731 ‒ 88876770　传真：0731 ‒ 88710482
□印　　装　长沙市宏发印刷有限公司

□开　　本　787×1092　1/16　□印张 9　□字数 224 千字
□版　　次　2013 年 9 月第 1 版　□2017 年 7 月第 5 次印刷
□书　　号　ISBN 978 ‒ 7 ‒ 5487 ‒ 0933 ‒ 6
□定　　价　22.00 元

前　言

　　为了提高实验教学质量，永州职业技术学校生物化学教研室根据教学大纲要求，编写了这本《生物化学实训指导》。它一方面能指导学生做好生物化学实验；另一方面，学生能在实训指导上直接填写出规范的实验报告和对某些思考题作出解答。在本书的实验章节中，我们根据多年的实验带教经验，做了适当的修改，使实验成功率有所提高。在实验分析栏目中，采用了填空、提问等形式，由浅入深逐步引导学生根据实验原理，从观察到的事实出发，分析各种实验现象，由学生自己提出正确的结论，使学生们分析问题、解决问题的能力得以提高。另外，根据实验内容及有关的理论知识，附有少量的习题，供学生们练习。

永州职业技术学院生物化学教研室

2013 年 7 月于永州

目　录

第一章　总论

一、生物化学实验课的目的

培养学生严肃认真、实事求是的科学作风，提高分析问题和解决问题的能力。通过实践验证某些理论，加深对基本理论的理解。培养学生动手能力和实际工作能力，训练学生掌握生化常用实验基本技术，为今后学习、工作、研究打下基础。总之，实验课应该成为理论联系实际的桥梁。

二、实验报告书写要求

在保证实验质量提高的前提下，制订生物化学实验报告册，学生实验报告力求删繁就简，因此，该实验报告册免除了学生抄写实验目的、原理、操作等过程，只要求学生准确、及时、真实记录实验结果并根据要求作出恰当分析，利于回答老师提问。

三、实验室规则

1. 保持实验室肃静。
2. 爱护仪器，尽量避免损坏。节约使用药品、试剂、蒸馏水、自来水，节约用电。
3. 保护实验台，不要将高温试管直接放在台面上，切勿将强酸、强碱洒在台面上。
4. 取完试剂应立刻将瓶盖盖好，放回原处，千万不要乱放，以免影响别人做实验。
5. 废弃液体可倒入水池，并放水冲走，固体废物应倒入废物缸内，实验动物应放在指定的地方。
6. 每个实验室选出负责人一名，负责实验室有关工作。于开学时排出保安卫生值日生。每次实验完毕，值日生打扫实验室，并检查门窗、水电等保安工作。

四、生物化学仪器的基本操作及原理

（一）分光光度计

分光光度计是利用物质特有的吸收光谱，进行鉴定物质及测定其含量的一种技术。光线是一种电磁波，其中可见光波长范围约为 760nm（红色）至 400nm（紫色），波长短于 400nm 的光线叫紫外线，长于 760nm 的叫红外线。当光线通过透明溶液介质时，其中一部分可透过，一部分光被吸收。光被溶液吸收的现象可用于某些物质的定性及定量分析。

分光光度法所依据的原理是 Lambert 氏定律和 Beer 氏定律。这两个定律阐明了溶液对单色光吸收的多少与溶液的浓度及液层厚度之间的定量关系。

1. Lambert – Beer 氏定律及其应用

（1）Lambert 氏定律：当一束单色光通过透明溶液介质时，由于一部分光被溶液吸收，所以光线的强度就要减弱。当溶液浓度不变时，透过的液层越厚，则光线的减弱愈显著。

设光线原来的强度为 I_0（入射光强度），通过厚度为 L 的液层后，其强度为 I（透光强度），则 I/I_0 表示光线透过溶液的程度，称为透光度，用 T 表示：

$$T = I/I_0$$

透光度的负对数（$-\lg T$）与液层的厚度 L 成正比，即：

$$-\lg T = -\lg I/I_0 \propto L$$

将上式写成等式，得：

$$\lg I_0/I = K_1 L$$

式中，K_1 为吸光率，其值决定于入射光的波长、溶液的性质、浓度以及溶液的温度等，$\lg I_0/I$ 为吸光度（A），所以

$$A = K_1 L \tag{1}$$

式（1）表明，当溶液的浓度不变时，吸光度与溶液液层的厚度成正比，这就是 Lambert 氏定律。

（2）Beer 氏定律：当一束单色光通过透明溶液介质后，溶液液层的厚度不变而浓度不用时，溶液的浓度越大，则投射光的强度越弱，其定量关系如下：

$$\lg I_0/I = K_2 C$$
$$A = K_2 C \tag{2}$$

式（2）中 C 为溶液的浓度；K_2 为吸光率，其值决定于入射光的波长、浓度的性质和液层厚度以及溶液温度等。式（2）说明：当溶液液层的厚度不变时，吸光度与溶液的浓度成正比。这就是 Beer 氏定律。

（3）Lambert – Beer 氏定律：如果同时考虑液层厚度和溶液浓度这两个因素对光吸收的影响，则必须将 Lambert 氏定律和 Beer 氏定律合并起来，得到

$$\lg I_0/I = KLC$$
$$A = KLC \tag{3}$$

即吸光度与溶液的浓度和液层的厚度的乘积成正比。这就是 lambert – Beer 氏定律

（4）Lambert – Beer 氏定律的应用

利用标准管计算测定物质的含量：实际测定过程中，用一已知浓度的测定物质按测定管同样处理显色，读取吸光度，再根据式（3）计算，即：

$$A_1 = K_1 C_1 L_1$$
$$A_2 = K_2 C_2 L_2$$

以上二式中，A_1、A_2 分别为已知浓度标准管和未知浓度测定管吸光度，C_1、C_2 分别为已知浓度标准和未知浓度测定管中测定管中测定物浓度。

因标准液和测定液的比色径长相同（$L_1 = L_2$），故以上二式可写成：

$$A_1/K_1C_1 = A_2/K_2C_2 \tag{4}$$

因标准液和测定液中溶质为同一物，K 值相同即：

$$K_1 = K_2$$

(5)式可换算成下式：

$$C_2 = A_2/A_l \times C_1 \tag{5}$$

因测定液和标准液在处理过程中体积相同，故式(5)可写成：

$$m_2 = A_2/A_l \times m_1 \tag{6}$$

式(6)中 m_1、m_2 分别表示标准液和测定液中测定物的含量。式(6)为实验操作中常用计算式。

标准曲线进行换算：先配制一系列已知不同浓度的测定物溶液，按测定管同样方法处理显色，分别读取各管吸光度，以各管吸光度为纵轴，各管溶液浓度为横轴，在方格坐标纸上作图得标准曲线，以后进行测定时，就无需再作标准管，以测定管吸光度从标准曲线上可求得测定物的浓度。标准曲线的浓度范围设计在被测物可能浓度的半倍到两倍之间，并使吸光度在 0.05 ~ 1.0 范围内为宜。所作标准曲线仅供短期使用。标准曲线制作与测定管测定应在同一台仪器上进行，若不是同一台仪器，尽管仪器型号相同，操作条件完全一样，其结果也会有差异。

利用摩尔吸光率之求取测定物浓度：式(3)中 K 为吸光率，当浓度 C 为 1 mol/L，浓度厚度 L 为 1 cm 时，则称为摩尔吸光率，以表示此时 ε 与 A 相等。在已知 ε 的情况下，读取测定液径长为 1 cm 时的吸光度，根据下式可求出测定液的物质浓度。

$$C = A/\varepsilon$$

此计算式常用于紫外吸收法，如蛋白质溶液含量测定，因蛋白质在波长 280nm 下具有最大吸光峰，利用已知蛋白质在波长 280nm 时的摩尔吸光率，再读取待测蛋白质溶液的吸光度，即可算出待测蛋白质的浓度，无需显色，操作简便。

(二)光电比色法

利用溶液的颜色深浅来测定溶液中物质含量的方法，称为比色法。光电比色法是利用被测物质的呈色溶液对某一特定波长光线的吸收特性，使用光电比色计进行比色分析，测得该溶液的透光度或吸光度，通过计算机求得被测物质浓度的方法。

光电比色法测定的条件是：在可见光范围，并要求被测物质为有色物或经过一定的化学处理，使无色的测定物转变为有色化合物。测量时，让光线通过滤光片，得到一束波长范围较窄的光(接近单色光)，并使它透过有色溶液，再投射到光电池上，光电池可将光能转变为电能，产生电流。电流的大小与照射于光电池上的光强度成正比，而照别光的强度又与它所透过的测定液的浓度有关。因此，测定所产生的电流强度，即能求出待测物质的浓度。

光电比色计种类较多，其基本构件有光源、滤光片、比色杯、光电池和检流计五个部分。现以国产 581－C 型光电比色计为例，介绍仪器的基本构造和使用方法。

1. 仪器介绍

(1) 光源：最常用的是 6W12V 的钨丝灯泡。由整流变压器供给直流电或由蓄电池供电。为了得到较准确的测量结果，电源的电压尽可能保持稳定，因此，一般光电比色计都附有稳压装置。

(2) 滤光片：有色溶液对大多数波长的光线都可吸收一部分，但对于某一波长的光线吸收特别多，这种现象称为最大吸收。利用这种最大吸收特性来测定该物质的浓度较混合光灵敏。滤光片可除去有色溶液吸收不多的光波，而让溶液吸收最多的光通过。操作时，根据测定液的颜色来选择滤光片，这是对某一物质进行测定的首要条件。选择滤光片的一般原则是：滤光片的颜色应与沉淀液互为补色。所谓补色是指两种能合并为白色的有色光。例如，桔红色应与蓝绿色互为补色，青紫色和黄绿色互为补色等。当滤光片和测定液两者颜色互为补色时，滤光片透过率最大的光波便是溶液吸收最大的光波，这样有利于测定。

(3) 比色杯：比色杯用来盛待测溶液，一般比色仪都配有不同规格比色杯供选用，如果同时使用几个比色杯，它们的规格必须相同。

(4) 光电池：光电池能将照射于其上的光能转变为电能。有些物质光照射可产生电流。这一现象称为光电效应，这些物质称为光敏物质。半导体硒就是一种光敏物质。光电比色计中的光电池就是硒光电池。光电池受照射产生的光电流的强度与照射光的强度成正比。硒光电池对 $400 \sim 650$nm 之间的光敏感，对红外线和紫外线不敏感，所以光电池仅用于可见光范围。

(5) 电流计：是用来测定光电流的，灵敏度很高，应避免振动。读书盘上直接标出透光度和吸光度。

2. 操作方法

将光电比色计置于背光而平稳之台面上，按规定电压接上电源，拨开关使其指问"1"，预热 10 分钟，旋转零点调节器，使读书盘上亮圈中的黑线位于透光度"0"或吸光度"∞"处，然后选择合适的滤光片插入滤光片插座中。

取洁净比色杯(手只能拿其毛玻璃面)分别定为空白液杯、标准液杯及盛有测定液杯，各溶液只盛满比色杯的 3/4 体积，杯外壁如有水珠，必须用软绸布擦干，分别放入比色槽内。

将空白液置于光路上，再将开关拨到"2"的位置，依次用粗调节和细调节改变电阻，使读数盘上亮圈中黑线恰好位于透光度"100"或吸光度"0"处。移动比色槽使测定液置于光路上，这时读书盘上亮圈发生移动，等亮圈稳定后，读记亮圈中黑线所指示的吸光度。然后重测一次，以求准确。再换置另一测定液于光路上，按上述步骤继续测定。在取比色杯时，应先将开关拨回"1"。

操作完毕，将开关拨回到"0"，拔去电源插头，取出比色杯及时清洗，晾干。切忌用毛刷刷洗，以免损坏光学玻璃透光性。

(三)分光光度法

1. 分光光度法的特点

分光光度法用于物质的定量分析时，其基本原理和光电比色法相同，但具有以下特点：

(1)光电比色法由滤光片获得的是近似单色光，分光光度法则是利用棱镜或光栅得到单色光。而 lambert – Beer 氏定律，严格地说来，只适用于单色光。因此，分光光度法比光电比色法的灵敏度、准确度和选择性都高。

(2)光电比色法只限于利用可见光范围的光波进行分析，分光光度法不仅可用于可见光，还可利用紫外光区(<400 nm)和红外光区(>750 nm)的光波进行分析，对五色溶液也可以测定，因而扩大应用范围。

(3)利用分光光度法可以测定共存于同一溶液中的两种或两种以上的物质。这是由于不同的物质对光有不同的最大吸收波长，分光光度计能从混合光中细分出各种不同波长的光，根据溶液中所含物质的种类选择各物质吸收最大的波长即可测定两种以上的不同物质。

(4)分光光度法不仅可以测定溶液中物质的含量，还可借助测定物质的吸收光谱以鉴定物质的种类。调节分光棱镜能使不同波长的光分别通过被测溶液，记录被测溶液对每一波长的吸光度，便可绘制吸收光谱曲线。不同的物质有不同的吸收光谱曲线。所以，目前有很多实验室已将581 – C 型光电比色计淘汰而选用各种型号的分光光度计。

2. 介绍几种常用的分光光度仪

(1)721 型分光光度计：光谱范围 360～800 nm，在 410～710 nm 之间灵敏度较好。该仪器系棱镜分光，用光电管作检测器，当电流放大后，用一高阻毫伏计直接指示读数。

721 型分光光度计以 12V25W 白炙钨丝灯泡为光源，经透镜聚光后射入单色光器内，经棱镜色散，穿过狭缝得到波长范围更窄的光进入比色杯，透出的光由光电管接收，产生光电流，再经放大，然后由微安表测定电流强度，并直接读出吸光度。

721 型分光光度计的操作方法：仪器未接电源时，电表指针须位于刻度"0"上，否则需用电表上的校正螺丝进行调节。

①接通电源(220V)，打开样品室的盖板，使电表指针指示"0 位"，预热约 20 分钟转动波长选择键钮，选择所需波长。用灵敏度选择键钮选用相应的放大灵敏度档(其灵敏度范围是：第一挡×1 倍，第二挡×10 倍，第三挡×20 倍)，调节"0"电位器校正"0"位。

②将比色杯分别盛空白液、标准液和待测液。放入暗箱中的比色杯架，先置空白液于光路上，打开光门，旋转"100"电位键钮，使电表指针准确指向100%。反复几次调整"0"及"100%"透光度。

③将比色杯架依次拉出，使标准液和待测液分别进入光路，读记吸光度值。每次测定完毕或换盛比色液时，必须打开样品室的盖板，以免光电管持续曝光。

(2)722 型分光光度计：我国在 721 型的基础上新生产出 721 – A 型和 722 型等新型号

分光光度仪，其特点是用液晶板直接显示透光度、吸光度直至浓度的读数。722 型用光栅作单色器。改进方法与 721 型基本相同，详见仪器的使用说明书。

（3）751 型可见紫外分光光度计：国产 751 型分光光度计的光谱范围 200～1000 nm，包括紫外区、可见光区和近红外区的光波。

751 型分光光度仪的操作方法：

①开启稳定电源。按所用波段接通所需光源（波长在 320～1000 nm 范围内，用钨丝白炙灯泡作光源；波长在 200～320 mn 范围内，用氢弧灯作光源），同时将灯罩上放射镜转动手柄板在"钨灯"或"氢弧灯"位置，预热 20 分钟。

②将关门拉杆推入关闭关门，选择开关拨在"校正"位置上。

③调暗电流旋转使电流表指针指到"0"位，旋转读数键钮，使读数盘指到透光度 100%处。

④将灵敏度调节钮从左面"停止"位置顺时针方向旋转 3～5 圈，并选择所需波长。

⑤选择适当波长的光电管；手柄推入为紫敏光电管（200"625 nm），手柄拉出为红敏光电管（625～1000 nm）。

⑥根据波长选用比色杯，波长在 350 nm 以上，可用玻璃比色杯，波长在 350 nm 以下，一定要用石英比色杯。

⑦将盛好测定液的比色杯置于托架内，盖好盖子。先使空白液对准光路，扳动选择开关到"×1"，拉开光门，则单色光射入光电管。调节狭缝，使电流表指针回到"0"位，必要时用灵敏度钮调节。

⑧拉动换样拉杆，使其他比色杯依次位于光路上。每次皆旋转读数钮，使电流表指针回到"0"位，同时从读数盘上读取吸光度。随即关闭光门，以保护光电管。

⑨若透光度＜10%，吸光度＞1 时，将选择开关扳到"×0.1 位置，此时测得的吸光度值要加上 1。

⑩测定完毕，切断电源，将选择开关旋至"关"位，取出比色杯洗净，最后罩好仪器。

（4）752 型紫外光栅分光光度仪光谱范围 220～800 nm。光源由钨卤素灯（W）和氢灯（H）组成，在旋转单色光器波长手轮时，可自动切换光源，不必再分别拉用蓝敏或红敏光电管。单色光器利用平面光栅（1200 线/mm）作为色散元件以代替棱镜，克服了非线性色散检流计的微弱光电流通过放大器放大后用数字显示器表示吸光度或透光度，乃至直接读出物质浓度。使用比较方便，整个仪器体积也较小，可参考仪器说明书。

使用时，接通电源预热 10 分钟后，将选择开关置于"T"挡，打开样品室盖，以空白液置于光路上，选择所需波长，再将样品室盖上，调节"100"旋钮，使数字显示透光度为 100。将待测样品移进光路，即可从数字表上读出样品液的透光度。如将选择开关置于"A 挡"（空白液时调节消光"0"旋钮为吸光度 0）即可从数字上读出吸光度 A。

如要测定样品浓度，可将标准液移入光路，调节浓度旋钮"C"使数字表上显示出相应的标准值；再将待测样品移入光路，即可从数字表上读出样品的浓度。

五、常用容量仪器的规格、使用、清洗及洗涤液的配制

（一）容量仪器的规格和使用

1. 量筒

量筒为粗量器，用以量取不需精密计量的液体，不能用来配制标准溶液，常用的量筒有 1000 mL、500 mL、250 mL、100 mL、50 mL、25 mL 等，量取时视线与量筒内液体凹面的最低点在同一水平上，偏高或偏低都会造成较大的误差。

2. 量瓶

量瓶用于制备一定浓度的标准溶液，常用的量瓶有 1000 mL、500 mL、250 mL、100 mL、50 mL、25 mL 等，颈上有环形容积标线，使用量瓶配液时，不要把溶质直接加入量瓶内溶解，须先在烧杯中溶解后借助玻璃棒的引导转入量瓶，烧杯用少量蒸馏水荡洗 3~4 次，将每次荡洗液倾入量瓶内。再加蒸馏水至其液面接近标线时，停 1~2 分钟，换用滴管将蒸馏水加至与标线相切。标线和液体凹面成一水平，然后盖上瓶塞，将量瓶倒转数次，使溶液混匀。量瓶的使用注意事项：

（1）量瓶（包括量筒）不可作为加热容器使用。

（2）放热或吸热的溶液须待与室温平衡后再转入量瓶内。

（3）量瓶用完后立即洗净晾干（不必烘干），不准用量瓶储存溶液。

3. 滴定管

滴定管按其容量大小可分为常量滴定管和微量滴定管两种。

（1）常量滴定管：常用的滴定管有容积为 50 mL 和 25 mL，按其用途分为酸式滴定管和碱式滴定管两种。

①酸式滴定管附有玻璃活塞：可盛酸性、中性及氧化性（如 $KMnO_4$、I_2 和 $AgNO_3$）等溶液，不宜盛碱性溶液，因为碱常使活塞与活塞套粘合，难以转动。

②碱式滴定管：碱式滴定管下端套一段约 10 cm 长的橡皮管（内装玻璃珠）接尖嘴玻璃管，可盛碱性溶液，不宜盛氧化性溶液，因为氧化性物质易与橡皮起作用。

（2）微量滴定管：总容积分别有 1 mL、2 mL、5 mL 的滴定管，最小刻度的有 0.05 mL 或 0.01 mL，有的附有自动加液装量，微量滴定管尖的口径小，故流出的液滴细小。

滴定管在使用前要检查是否漏水，然后垂直固定于滴定台上。活塞用吸水纸抹干，涂一薄层凡士林油膏并转动。滴定管用蒸馏水洗 2 次，再用滴定液洗 2~3 次，然后盛入滴定液，液面稍高于零，把这一部分溶液放出借以逐出活垫（或橡皮管）中的气泡。为了滴定的准确性，必须熟练掌握旋转活塞的方法，按需要控制流速，严格掌握滴定终点。滴定管的使用注意事项：

①滴定液要缓缓流出，每秒 1~2 滴，微量滴定管 3~5 秒钟 1 滴。不能太快，否则管壁留有液体影响读数的准确性。

②读数时视线与液面成一水平线，数读到最小的一格以内，应尽量估计一格的几分之

几,如最小的一格为 0.1 mL,读数应估计至 0.01 mL 的程度。滴定管按消耗液量的多少作适当选择,如果用大滴管去滴定消耗很少的溶液,误差很大。反之,如果用小滴定管滴定消耗较多的溶液,由于多次添液不仅麻烦而且增加误差。

③操作完毕应将滴定管活塞的凡士林油膏擦去并清洗(见洗涤章节内容)。

4.吸量管

吸量管是精密的卸量容器,在生化实验中最为常用,分为以下两类:

(1)单刻度吸量管

①移液管:常用的移液管有 50 mL、25 mL、10 mL、2 mL、1 mL 几种,移液管中间有膨大部分,只能量取全量,该吸量管比多刻度吸量管准确度大,用于准确转移一定体积的溶液。量取时,当量取的溶液自行流出后,使管尖在盛器内壁停留 10~15 秒钟,所余少量液体不可吹出,因为其固定倾出容量已经检定。

②奥氏吸管:常用的奥氏吸管有 3 mL、2 mL、1 mL、0.5 mL 等容量的吸管,它具有一球形(或卵圆形)空间。当放出所量取的液体时,管尖余留的液体要吹入盛器内,奥氏吸管的准确度也大于多刻度吸管。

(2)多刻度吸量管(又称刻度吸管):通常有 10 mL、5 mL、2 mL、1 mL、0.5 mL、0.1 mL 等几种,为直形,管上分有刻度。根据所需取溶液的体积选择其量积大小的刻度吸管。使用多刻度吸量管时,用洗耳球抽气将溶液吸至标线以上,用示(食)指按紧取出,徐徐放出溶液至液面与标线相切为止。将吸量管垂直置于溶液的盛器中。刻度吸管分为"吹出式"和"流出式",通常 1 mL 以下的刻度吸管为"吹出式",往往在吸管上端标有"吹"字。其他一般为"流出式"。凡"吹出式"吸管必须将管尖剩余液体吹出。凡"流出式"吸管管尖剩余液体不可吹出。多刻度吸量管使用注意事项:

①多刻度吸量管有的读数自上而下,有的读数自下而上,用时必须看清楚,以免弄错。

②执管时要尽量拿上部,以示指堵住管口,控制流量,刻度数字面要向着自己。

③量取时,吸量管从溶液中取出后(标准液或黏性大的液体)都必须先用滤纸将管的外壁擦干,缓慢放液,使管轻轻接触盛器内壁。

④吸取浓酸或浓碱液以及有毒物质时禁止用口吸。

⑤根据不同的需要使用适当的吸量管,如吸 1.5 mL 溶液选用 2 mL 吸量管为宜,假如选用 1 mL 吸量管则需取 2 次,造成误差机会多。

⑥读数时吸管要垂直,背对光线,视线与标线应在同一水平线上。

⑦多刻度吸量管用完后应立即冲洗(参见洗涤章节),晾干或烘干。

(二)玻璃仪器的洗涤及各种洗涤液的配制方法

实验中所使用的玻璃仪器清洁与否,直接影响实验结果,往往由于玻璃仪器的不清洁或被污染而造成实验误差,甚至出现相反的实验结果。因此,玻璃仪器的清洗是非常重要的。

1.初用玻璃仪器的清洗

新购买的玻璃仪器表面常附有游离的碱性物质,可先用肥皂水洗刷再用自来水洗净,然后浸泡在 1%～2% 盐酸溶液中过夜(不少于 4 小时),再用自来水冲洗,然后用蒸馏水冲洗 2～3 次。

2.使用过的玻璃仪器的清洗

(1)一般玻璃仪器:如试管、烧杯、锥形瓶、量筒等,先用自来水洗刷至无污物,再选用大小合适的毛刷沾去污粉(掺入肥皂粉)或浸入肥皂水内,将器皿内外(特别是内壁)细心刷洗,用自来水冲洗干净后,蒸馏水冲洗 2～3 次,烤干或倒置在清洁处,干后备用。凡洗净的玻璃器皿,不应在器壁上挂有水珠,否则表示尚未洗净,应按上述方法重新洗涤。若发现内壁有难以去掉的污迹,应分别使用下述各种洗涤剂予以清除,再重新冲洗。

(2)量器:如吸量器、滴定器、量瓶等。使用后应立即浸泡于凉水中,勿使物质干涸,待工作完毕后用流水冲洗,以除去附着的试剂、蛋白质等物质,晾干后浸泡在铬酸洗液中 4～6 小时(或过夜),再用自来水冲洗干净,最后用蒸馏水冲洗 2～3 次,烘干备用。

(3)比色杯:用毕反复用自来水冲洗干净,如洗不干净时,可用盐酸或适当的溶剂冲洗,再用自来水冲洗干净。切忌使用管刷或粗的布或纸擦洗,以免损伤比色杯透光度,也应避免用较强的碱或强氧化剂清洗,洗净后倒置晾干备用。

(4)其他:盛过有传染性样品的容器,如病毒、传染病患者的血清等沾污过的容器应先进行消毒后再进行清洗。盛过各种毒品,特别是剧毒药品和放射性核素物质的容器,必须经过专门处理,确知没有残余毒物质存在方可进行清洗。

(三)各种洗涤液的配方及使用

针对仪器沾污物及使用的需要采用不同的洗涤液能有效地洗净仪器。下面介绍几种常用的洗涤液的配方及使用方法。

1.铬酸洗液

铬酸洗液(重铬酸钾 - 硫酸洗液,简称为洗液)广泛用于玻璃仪器的洗涤,常用的配制方法有下列 3 种:

(1)取 100 mL 工业浓硫酸置于烧杯内,小心加热,然后小心慢慢加入 5 g 重铬酸钾粉末,边加边搅拌,待全部溶解后冷却,储于有玻璃塞的细口瓶内。

(2)常用的铬酸洗液,浓度一般为 3%～5%,配制方法如下:称取研细的工业品 $K_2Cr_2O_7$ 置于 40 mL 水中加热溶解,冷后,徐徐加入 360 mL 工业用浓 H_2SO_4(千万不能将水或 $K_2Cr_2O_7$ 溶液加入 H_2SO_4 中),边加边用玻璃棒小心搅拌,并注意不要溅出,因为放热较多,H_2SO_4 不要加得过快,配好后待冷置,装瓶备用。新配制的铬酸洗液为红褐色,氧化能力很强,当铬酸洗液用久后变为绿色即说明洗液已无氧化洗涤能力。洗涤液瓶要加盖,避免硫酸吸水减弱洗涤能力。

(3)称取 80 g 重铬酸钾,溶于 1000 mL 自来水中,慢慢加入工业用 H_2SO_4 100 mL(边加边用玻璃棒搅动)。

2.浓盐酸或 1:1 盐酸洗液

用于洗去碱性物质及大多数无机物残渣、水垢等。

3. 碱性洗液

10% 氢氧化钠(NaOH)水溶液或乙醇溶液。使用时注意：①10% 氢氧化钠水溶液加热(可煮沸)使用，其去油污效果较好，但煮的时间不宜过长，否则会腐蚀玻璃；②乙醇溶液不要加热；③玻璃仪器不可长时间(24 小时以上)浸泡；④从碱性溶液中捞出仪器时，切忌用手直接取拿，要戴医用乳胶手套或用镊子夹取，以免灼伤皮肤。

4. 碱性高锰酸钾洗液

称取 4 g 高锰酸钾，溶于少量水中，加入 10% 氢氧化钠溶液 100 mL，用水稀释至 1000 mL。清洗油污或其他有机物质，洗后容器沾污处有褐色二氧化锰析出，再用浓盐酸或草酸洗液将硫酸亚铁、亚硫酸钠等还原剂去除。

5. 草酸洗液

称取 5 ~ 10 g 草酸，溶于 100 mL 水中，加入少量浓盐酸。洗涤高锰酸钾洗液洗后产生的二氧化锰，必要时加热使用。

6. 碘 – 碘化钾溶液

称取 1 g 碘和 2 g 碘化钾，溶于水中，用水稀释至 100 mL。用于洗涤盛装硝酸银滴定液后留下的黑褐色沾污物，也可用于擦洗沾过硝酸银的白瓷水槽。

7. 有机溶剂

苯、乙醚、丙酮、二氯乙烷等，可洗去油污或可溶于该液剂的有机物质，用时要注意其毒性及可燃性。用乙醇配制的指示剂溶液的干渣，可用盐酸 – 乙醇(1∶2)洗液洗涤。

8. 乙醇 – 浓硝酸混合液(不可事先混合)

用一般方法很难洗净的有机物可用此混合液清洗。于容器内加入不多于 2 mL 的乙醇，加入 10 mL 浓硝酸，静置片刻，立即发生激烈反应，放出大量热及二氧化氮，反应停止后再用水冲洗，操作应在通风柜中进行，不可塞住容器，并做好防护。此种方法的混合液最适合于洗净滴定管，在滴定管中加入 3 mL 乙醇，然后沿管壁慢慢加入 4 mL 浓硝酸(比重 1.4)，盖住滴定管口，利用所产生的二氧化氮洗净滴定管。

9. 5% ~ 10% 乙二胺四乙酸二钠(EDTA – 2Na)溶液

将已配置好的 5% 乙二胺四乙酸二钠溶液加热煮沸可洗脱玻璃仪器内壁的白色沉淀物。

10. 45% 尿素洗涤液

45% 尿素洗涤液为蛋白质制剂的良好溶剂，适用于洗涤盛蛋白质制剂及血样的容器。

11. 30% 硝酸溶液

30% 硝酸溶液适宜洗涤 CO_2 测定仪器及微量滴管。

12. 纯酸、纯碱洗液

(1)纯酸洗液有：①浓盐酸；②浓硫酸；③浓硝酸。使用时可用浸泡法和浸煮法(温度不宜太高，否则浓酸挥发可刺激人)。

(2)纯碱洗液有：①10% 以上浓氢氧化钾；②10% 以上浓氢氧化钾 KOH；③10% 碳酸

二钠(Na_2CO_3)；使用时可用浸泡法及浸煮法去污(可以煮沸)。

以上这些洗涤方法都是应用物质的物理互溶性及化学性质达到洗净玻璃仪器的目的。在化验室中可以把废酸、回收的有机溶剂等分别收集起来备用。

六、化学试剂的规格与保管

(一)化学试剂的规格

化学试剂根据其质量分有各种规格品种(品级)，一般化学试剂的分级见表1-1。

表1-1　一般化学试剂的分级

级别	名称	简写	纯度和用途
1	优级纯，保证纯	GR	纯度高，杂质含量低，适用于研究和配制标准液
2	分析纯	AR	纯度较高，杂质含量较低，适用于定性定量分析
3	化学纯	CP	质量略低于2级，用途同上
4	试验试剂 生物试剂 生物染色素	LR BR BS	质量较低，比工业用的高，用于一般定性实验 用于生物化学研究和检验 主要用于生物组织学、细胞学和微生物染色,供显微镜检查

其他还有一些不属于表中规格的试剂，如纯度很高的光谱纯、层析纯、电泳纯及纯度较低的工业用、药典纯等。

实验的试剂需按试验要求的一定规格进行选择，如用于精确的定量分析或配制标准液，需用品级2级以上。有的实验不用更高级的试剂也可达到要求，应尽量不用，如配清洁液只需要粗硫酸。

(二)化学试剂的保管

化学试剂一般应按其性质分别存放于阴凉、避光、通风的干燥处。某些特殊的化学试剂须用特殊的保管方法。

1.常用试剂的保管方法

表1-2例出了常用试剂的保管方法。

表1-2　常用试剂的保管方法

保管要求	试　剂
需要密封	
防止潮湿吸湿	氧化钙、氯化钙、氢氧化钠、氢氧化钾、碘化钾、三氯化铁、三氯醋
防止失水风化	酸、浓硫酸结晶硫酸钠、硫酸亚铁、含水磷酸氢二钠、硫代硫酸钠
防止挥发	氨水、氯仿、醚、碘、麝香草酚、甲醇、丙酮
防止吸收 CO_2	氨氧化钠、氢氧化钾
防止氧化	硫酸亚铁、醚、酚、醛类、抗坏血酸和一切还原剂
防止变质	四苯硼钠、丙酮酸钠、乙醚
需要避光	
防止见光变色	硝酸银(变黑)、酚(变淡红)、茚三酮(变淡红)

续表 1 - 2

保管要求	试剂
防止见光分解	过氧化氢、氯仿、漂白粉、氰氢酸
防止见光氧化	乙醚、醛类、亚铁类盐和一切还原剂
特殊方法保管	
防震防暴	苦味酸、硝酸盐类、过氯酸、叠氮钠
防剧毒	氰化钾(钠)、汞、砷化物、溴、铀化物及放射性元素
防火	乙醚、甲醇、乙醇、丙酮苯、石油醚、汽油、二甲苯、苯
防腐蚀	强酸、强碱
防止高温失效	一切生物制品,如免疫血清、菌液、标准参考血清、酶和辅酶等,需冷藏

2. 易燃、易爆、易腐蚀性试剂的保管

易燃试剂:应存放在远离火源、阴凉、通风处。

易爆试剂:受撞击、热、强烈摩擦或与其他物质接触后易爆,对此试剂应注意。

腐蚀性试剂:应密闭存放在阴凉处。

七、实验室常用设备介绍

1. 离心机

离心技术是分离不同物理性质的物质的常用技术之一。在分子生物学实验中心离心技术运用相当广泛,包括分离收集细胞、细菌、细胞器、核酸、蛋白质等。离心机常有台式机及落地式机之分,一般来说,台式离心机体积较小,可置于工作台上,相对而言离心的量也较小,价格也较低。落地式离心机体积较大,离心的量也较大,对温度的控制也更为精确,运行更稳定。但制作成本较高,价格也较贵。常见的离心机有以下三种:

(1)台式微量离心机:最大转速为 12 000 ~ 15 000 r/min,通常用于小规模富集可快速沉降的物质,如细胞、细胞核、酵母、细菌以及蛋白质等。

(2)高速冷冻离心机:最高转速为 20 000 ~ 25 000 r/min,用于大规模制备细胞、细菌、大分子细胞器以及免疫沉淀物等。

(3)超速离心机:离心力为 500 000 g(g = 9.8 m/s^2)以上,或转速在 70 000 r/min 以上的离心机。用于分离提纯线粒体、微粒体、染色体、溶酶体、肿瘤病毒等物质。

2. 电泳装置

电泳装置是分子生物学实验中应用最频繁的装置之一。通常用于分离、检测或鉴定不同大小及不同性质的核酸片段。它主要由电泳仪和电泳槽两部分组成。电泳仪可分为普通电泳仪和高压电泳仪。普通电泳仪电压范围通常为 500V,用于电压不高的普通电泳。高压电泳仪的电压则最高达到 2 000V 以上,在 DNA 序列分析、AFLP 等需要高电压电泳的实验中经常用到。电泳槽可以分为水平式电泳槽和垂直式电泳槽。水平式电泳槽一般用于琼脂糖凝胶电泳、纸上电泳、醋酸纤维膜电泳等。用水平电泳槽进行琼脂糖凝胶电泳配合紫外观察仪检测核酸分子,是分子生物学中最常用的实验手段,故建议每个实验室至少配备一大一小的两种水平电泳槽,以方便实验操作。垂直电泳槽则更多地用于聚丙烯酰胺凝胶电泳中,如在 PCR-SSCP、蛋白质电泳、DNA 序列测定和聚丙烯酰胺凝胶回收等实验中常常用到。

3. PCR 仪

PCR（polymerase chain reaction）仪又称基因扩增仪、DNA 热循环仪等。PCR 仪通过在体外模拟 DNA 的复制过程，设定变性、退火、延伸三种不同温度并反复循环，在酶促反应下实现在体外成百万倍地迅速扩增 DNA 片段的目的。PCR 仪的发展大致经历了两个阶段：最开始的 PCR 仪也可以做基因扩增实验，前提是拥有三个可以调节温度的加热块。将它们分别调节到所需要的温度后，所需做的就是频繁地按时将反应管在三种温度的加热块中来回移动。公司设计出的 PCR 仪是使用机械手来操作的，但这种产品现已基本淘汰。目前的产品通常都是带有微电脑控制的全自动仪器，使用时只需配好反应体系和设置好反应条件就可以了。现在的 PCR 仪通常由温度控制模块和芯片控制模块两大部分组成。芯片控制模块的核心是一个微电脑控制系统，是直接与用户打交道的。用于编辑、设定反应的条件，显示反应情况调节系统参数等。而温度控制模块通常根据加热和制冷的原理不同，可以分为以下几类：电阻加热/液体冷却；电阻加热/压缩机制冷；电阻加热/半导体制冷。现在的 PCR 仪器都附带了一些功能，有一些并不实用，但推荐大家购买带有"热盖"功能的产品。它的原理是在加热块的样品槽上方再设计一个名为"热盖"的加热装置，并且"热盖"的温度始终高于加热块的温度。这样，反应管中的反应体系就不会因为下方温度高而挥发，从而使反应体系上免去了加矿物油的麻烦。

4. 紫外可见分光光度计

通常利用核酸分子的紫外吸收特性，用 A260 和 A280 来测量核酸样品的浓度及纯度，以及测量细菌培养液的 A600 吸光度，来检测细菌的生长状况。

5. 水浴箱

分子生物学实验中有许多实验需要恒定的温度环境，如酶切反应、连接反应、标记反应等。水浴箱就用来提供此反应条件。一般水浴箱有普通水浴箱和恒温水浴箱两种。普通水浴箱价格较低，但温控精度也不高，温差在 1.5℃左右，适用于对温度精度要求不高的反应。恒温水浴箱温控相对精确，适用于对反应温度要求较高的实验，但价格也较贵。

6. 可调式微量移液器

用于吸取一定体积的液体试剂，通常有 1 μL, 20 μL, 200 μL, 1000 μL, 5000 μL 等规格的微量移液器。

7. 超净工作台

超净工作台是进行细胞培养和细菌培养时必备的无菌操作装置。它的工作原理是利用鼓风机驱动空气通过高效滤净器，去除空气中的尘埃及细菌后，再将无菌的空气送至工作台面，形成局部范围无菌的工作环境。

8. 二氧化碳培养箱

二氧化碳（CO_2）培养箱用于细胞的培养。大多数的细胞在培养的过程中需要一定浓度的 CO_2（通常为 5% 左右），用来维持培养液的酸碱度。所有的 CO_2 培养箱均要求有高精度的温控装置、CO_2 浓度控制装置，以及洁净的培养环境。

9. 液氮罐

液氮罐通常用于细胞、细胞株、菌株、组织的保存。将生长状态良好的细胞与一定比例的甘油混合，置于液氮中保存。在液氮的 -196℃ 的超低温下，许多样品可以保存数年甚至更久。但液氮极易挥发，要注意定期给予液氮补充。

10.倒置显微镜

倒置显微镜用于直接观察细胞培养瓶、细胞培养板中细胞的形态、数量、生长状况等。高档的倒置显微镜还带有摄像功能，可外接照相机，及时记录下细胞的生长状态。

八、分子生物学实验中常用试剂

分子生物学实验中经常会应用到许多试剂，有些试剂是已配制好备用的，某些试剂是需要临用时现配制的，现将常用试剂和某些需配制的试剂介绍于下：

（1）LB 培养基：该培养基由 1% 胰蛋白胨、0.5% 酵母提取物、1% NaCl（须高压灭菌）构成。

（2）溶液 I：内含 50 mM 葡萄糖、10 mM 乙二胺四乙酸（EDTA）、25 mM 三羟甲基氨基甲烷 – 盐酸（Tris – HCl），pH 8.0。

（3）溶液 II：用 0.4 M *NaOH 与 2% 十二烷基硫酸钠（SDS）等体积混匀，用时现配。

（4）溶液 III：内含 5 M 醋酸钾（KAc）60 mL、醋酸 11.5 mL、蒸馏水（dH$_2$O）28.5 mL，pH 4.8。

（5）TE 缓冲液：内含 10 mM Tris – HCl、1 mM EDTA，pH 8.0。

（6）电泳缓冲液：内含 0.5 M Tris、0.5 M 硼酸、10 mM EDTA，pH 8.3。

（7）上样缓冲液：内含 50% 甘油、1 × TBE、1% 溴酚蓝。

（8）红细胞裂解液（RCLB）：内含 10 mM NaCl、5 mM MgCl$_2$、10 mM Tris – HCl（pH 7.6）。

（9）白细胞裂解液（LCLB）：5 mM NaCl，10 mM EDTA，10 mM Tris – HCl（pH 7.6），用前加 1/5 体积 10% SDS 和 1/200 体积的蛋白酶 K（200 mg/mL）。

（10）电泳缓冲液（5 × TBE）：内含 54 g Tris、27.5 g 硼酸、20 mL 0.5 m EDTA（pH 8.0）。

（11）6 × 上样缓冲液：内含 0.25% 溴酚蓝、0.25% 二甲苯氰（FF）、40%（W/V）蔗糖水溶液。

（12）TELT：内含 2.5M LiCl，50 mM Tris – HCl（pH 8.0）、62.5 mM EDTA、4% Triton X – 100。

（13）LB 固体培养基：该培养基由 LB 培养基加 1.5% 琼脂（须高压灭菌）构成。

（14）LA 培养基：该培养基由 LB 培养基加 100 μg/mL 氨苄青霉素构成。

（15）20 × SSC 配制：

NaCl	17.53 g
柠檬酸钠	8.82 g
用 10 M NaOH 调 pH 至 7.0	
重蒸馏水（ddH$_2$O）	定容至 100 mL

（16）变性液：内含 5M NaOH 4 mL、1M Tris – HCl（pH 7.6）15 mL。

（17）中和液：内含 1.5 M NaCl、21 M Tris – HCl（pH 7.4）

（18）TS 溶液配制：

1 M Tris – HCl（pH 7.6）	10 mL
5 M NaCl	3 mL
ddH$_2$O	定容至 100 mL

---

* M. 在本书表示物质摩尔浓度单位的简写，1M = 1 mol/L

（19）1×bocking（1%封闭液）配制：

	封闭剂	2 g
	TS 溶液	200 mL
	临用前 50℃~70℃预热 1 小时助溶	

（20）TSM 缓冲液配制：

	1 M Tris–HCL（pH 9.5）	10 mL
	5 M NaCl	2 mL
	1 M MgCl$_2$	25 mL
	ddH$_2$O	定容至 100 mL

（21）预杂交液配制：

	20×SSC	25 mL
	10% SDS	0.2 mL
	10%十二烷基肌氨酸钠	1 mL
	封闭剂	1 g
	TS 溶液	20 mL
	ddH$_2$O	定容至 100 mL

（22）杂交液配制：

	预杂交液	50 mL
	变性探针	50 μL

（23）显色液：内含 NBT（硝基四氮唑蓝）135 μL、2BCIP（5–溴–4–氯–3–吲哚磷酸）105 μL、TSM 30 mL。

（24）二乙烯磷酸胺（DEPC）液：按 1∶1 000 体积比配制，将 DEPC 加入到 ddH$_2$O 中，室温放置过夜，高压灭菌 15 分钟。

（25）EDTA 液：乙二胺四乙酸。

（26）Tris 液：三羟甲基氨基甲烷。

（27）10×上样缓冲液：

	聚蔗糖	2.5g
	溴酚蓝	25 mL
	0.5 M EDTA	20 μL
	DEPC 处理水定容至	10 mL

（28）10×MOPS（3–玛琳基丙磺酸）缓冲液：

	MOPS（三–玛琳基丙磺酸）	20.96 g
	DEPC 处理水	400 mL
	NaOH 调 pH 至 7.0	
	3 M NaAc	28.3 mL
	0.5 mM EDTA（pH8.0）	10 mL
	DEPC 处理水定容至过滤除菌，室温避光保存。	

（29）PMSF：苯甲基磺酰氟。

（30）IPIC：异丙基硫代半乳糖苷。

（31）RNase：核糖核酸酶。

（32）Triton X–100：曲拉通 X–100。

（33）1 M IPTG：

	异丙基–β–D 硫代半乳苷（IPTG）	2.4 g
	ddH$_2$O 定容至	10 mL

用 0.22μL 滤器过滤除菌，分装成 1 mL，−20℃储存。

(34) 缓冲液 A：

1M Tris − HCl(pH 8.0)	25 mL	
0.5 M EDTA	2 mL	
蔗糖	25 g	
ddH₂O 定容至	100 mL	

高压灭菌，4℃保存。

(35) 缓冲液 B：

1M Tiis − HCl(pH 7.4)	1 mL	
0.5 M EDTA	mL	
50 mM PMSF	2 mL	
1 M 二硫苏糖醇(DTT)	100 μL	
ddH₂O 定容至	100 mL	

(36) 缓冲液 C：

羟乙基派嗪乙磺酸(HEPES)	0.75g	
1 M KCl	10 mL	
0.5 M EDTA	40 μL	
甘油	20 mL	
50 mM EDTA	2 mL	
1 M DTT	100 μL	
ddH₂O 定容至	100 mL	

(37) 染色液：称取考马斯亮蓝 R₂₅₀ 0.5 g，加入95%乙醇90 mL、冰醋酸10 mL，用时用蒸馏水稀释4倍。

(38) 脱色液：冰醋酸38 mL、甲醇125 mL，加蒸馏水至500 mL。

(39) 2×上样缓冲液：20%甘油，1/4体积浓缩胶缓冲液，2%溴酚蓝。

(40) 分离胶缓冲液(1.5 M Tris − HCl 缓冲液 pH8.9)：称取 Tris 36.3 g，加入 48 mL HCl，再加入蒸馏水至100 mL。

(41) 浓缩胶缓冲液：0.5 M Tris − HCl 缓冲液，pH 6.7。

(42) 电极缓冲液：称取甘氨酸 28.8 g 及 Tris 6.0g，加蒸馏水至1000 mL，调 pH 至8.3。

(43) 2×蛋白质上样缓冲液：4% SDS，20%甘油，100 mM Tris-HCl(pH 6.8)，2%溴酚蓝。

(44) 电转阳性缓冲液Ⅰ：0.3M Tris-HCl，20%甲醇。

(45) 电转阳性缓冲液Ⅱ：25 mM Tris-HCl，20%甲醇。

(46) 电转阴极缓冲液：0.04 M 甘氨酸，0.5 mM Tris-HCl，20%甲醇。

(47) TBS(三乙醇胺缓冲盐溶液)：150 mM NaCl，50 mM Tris-HCl，pH 5。

(48) 封闭液：TBS+5%脱脂奶粉+0.1%Tween 20。

(49) 碱性磷酸酶缓冲液(TSM)：10 mM NaCl，5 mM MgCl₂，100 mM Tris-HCl(pH 9.5)。

(50) DTT：二硫代苏糖醇。

(51) TEMED 液：四甲基乙二胺。

(52) Tween−20 液：吐温20。

第二章　生物化学常用技术原理

第一节　电泳技术

一、概　述

（一）电泳的概念与电泳技术发展简史

电泳（electrophoresis）是指带电粒子在直流电场中向着与其自身电性相反电极方向移动的现象。电泳现象由俄国物理学家 Reuss 于 1809 年首先发现。但是电泳的实际应用则是 100 多年以后的事情。1937 年，Tiselius 利用 U 形管制成界面电泳仪，首次成功地对血清蛋白质进行了分离，因而获得诺贝尔奖；1948 年，Wieland 等发明用滤纸作支持物的区带电泳；1950 年出现琼脂凝胶电泳；1953 年又发展为免疫电泳；1955 年，Smithies 以淀粉胶为支持物将血清蛋白质分离为 10 余条区带；1957 年，Kohn 首先使用醋酸纤维素薄膜作为电泳支持物；1959 年，Davis 发明聚丙烯酰胺凝胶电泳。在此基础上，电泳技术不断发展，相继出现等电聚焦电泳、等速电泳、双向电泳、印迹转移电泳和毛细管电泳等技术。并且，电泳技术与其他技术，如层析、扩散、免疫、放射性核素技术、质谱技术等联用，应用范围得以扩大。电泳技术以设备简单、操作方便、分辨率高等优点，目前已成为生物化学、分子生物学、免疫学、生物技术等学科和专业的常用研究工具，也是医学、药学、工农业生产等各领域的重要分析手段。

（二）电泳的分类

电泳根据有无固体支持物分为自由电泳和区带电泳。

1. 自由电泳

自由电泳又称界面电泳（movingboundalyelectrophoresis），即在溶液中进行电泳。当溶液中有几个组分时，通电后，由于组分在电场中移动快慢不同而形成若干个界面。然后采用折光率测定装置对不同界面的折光率进行测定分析，分部分离收集样品。此法是 1937 年瑞典科学家 Tiselius 创立的最早具有应用价值的电泳装置（U 形电泳装置），可用于制备性分离。但此法有较多缺点：界面形成不完全，有重叠，不易得到纯品；分离后或停电后极易扩散，不易分离收集；利用折光率的改变进行结果测定，操作繁琐，需特殊设备，已很少有人采用。

属自由电泳的还有显微电泳，将一种大的胶体颗粒或细胞置于显微镜下的电泳池中进行电泳，可用来直接测定电泳迁移率；密度梯度和 pH 梯度并存的柱状等电聚焦电泳；等速电泳等。

2. 区带电泳

区带电泳（zone eclectrophoresis）是在固相支持物上进行。此支持物将溶液包绕在其网孔中，避免了溶液中的物质自由移动的弊端，使混合物的各组分在支持物上分离为区或带。此法是目前应用最多的电泳方法。区带电泳又可根据支持物的类型、理化性质、电压、电泳方式等进一步分类。主要有：

(1)按支持物的物理性状分类：滤纸及其他纤维薄膜(如醋酸纤维薄膜、聚氯乙烯膜、赛璐玢薄膜)电泳：适用于小量样品的分析鉴定,如：①粉末电泳：如淀粉、纤维素粉、玻璃粉调制成平板；②凝胶电泳：如琼脂胶、琼脂糖凝胶、淀粉胶、聚丙烯酰胺凝胶等为支持物的电泳；③缘线电泳：如尼龙丝、人造丝电泳。

(2)按支持物的装置形式分类：①平板式电泳：支持物水平放置于左右电极槽之间；②垂直板式电泳：支持物垂直放置于上下电极槽之间；③垂直柱式电泳：支持物制成柱状垂直放置于上下电极槽之间；④连续液动电泳(幕状电泳)：首先应用于纸电泳，将滤纸垂直，两边各放一电极，溶液自上向下流，与电泳方向垂直，可用于物质的分离与制备。

(3)按电泳系统条件的连续性分类：①连续电泳：整个电泳系统 pH、离子强度、支持物性质等一致；②不连续电泳：缓冲液和支持物间或支持物内 pH、离子强度、介质种类和密度等一种或多种条件不同，如等电聚焦电泳、聚丙烯酰胺凝胶圆盘电泳。

(4)按电场强度大小分类：①常压电泳：电场强度通常在 2～20V/cm，总电压 <500V，常用于分离高分子化合物，如蛋白质、核酸；②高压电泳：电场强度 >20V/cm，总电压 >500V，常用于低分子离子分离，如氨基酸、核苷酸电泳。

区带电泳还可按操作手段、方法、目的等分类。如双向电泳、免疫电泳等。

二、电泳的基本原理

(一)动力和方向

带电粒子在电场中为什么能移动？是因为带电粒子在电场中受到电场引力(F)的作用，F 的大小取决于粒子所带电荷量 Q 及电场强度召，即

$$F = QE \tag{1}$$

粒子在电场中移动的方向由粒子本身所带电荷的性质决定，带正电荷向负极移动，带负电荷向正极移动。

(二)迁移率

带电粒子在电场中的泳动速度(migration velocity)用迁移率(或泳动率 mobility, M)来表示，即：从原点起，在电场强度为1V/cm 时，每秒钟的泳动距离，也就是单位电场强度下的泳动速度。

$$M = \frac{V}{E} = \frac{\dfrac{d}{t}}{\dfrac{v}{l}} = \frac{dl}{vt} (cm^2/V \cdot s) \tag{2}$$

注：M 迁移率；V 泳动速度(cm/s)；E 电场强度(V/cm)；d 泳动距离(cm)；l 支持物有效长度(cm)；V 支持物有效电压(V)；t 通电时间(s)。

(三)影响电泳的因素

对电泳的影响包括对速度的影响和效果的影响。影响电泳的因素很多，如样品颗粒本身所带电荷的种类、数量、粒子大小、形状；支持物化学性质、带电状况、有五分子筛作用；缓冲液的 pH、离子强度、缓冲容量、黏度、化学成分；电场电压、电流、热效应与水分

蒸发、水的电解等。

1. 样品粒子因素

已知带电粒子在电场中所受的作用力 $F = EQ$，根据 Stokes 定律，球形粒子在液体中运动时所受到的阻力 F' 与粒子运动的速度 y、粒子的半径 r、介质的黏度 η 的关系为

$$F' = 6\pi r \eta V$$

当电泳达到平衡，粒子在电场中作匀速运动时 $F = F'$，即

$$EQ = 6\pi r \eta V \qquad (4)$$

$$V = \frac{EQ}{6\pi r \eta} \qquad (5)$$

也即电泳速度与电场强度、粒子带电量成正比，与粒子的半径、介质的黏度成反比。

又 $M = \dfrac{E}{V}$，以（5）式代入得：

$$M = \frac{\dfrac{EQ}{6\pi r \eta}}{E}$$

整理，得：

$$M = \frac{Q}{6\pi r \eta} \qquad (6)$$

式（6）中，6π 是适用于球形带电粒子的经验数值，对椭圆形或半径 r 很大的粒子则数值有所不同。

由式（6）可知，迁移率与粒子所带电荷量成正比，与粒子的半径、介质的粘度成反比。粒子荷电量越多，r 越小，越近球形，泳动越快；反之越慢。

在相同条件下（Z、介质性质如，y 等相同），不同种类的带电物质由于其 Q/r（球形分子也即电荷/质量比）各不相同而具有不同的泳动率。这种移动速度的差异就是电泳技术的基本依据。

2. 支持物因素

对支持物的一般要求是质地均匀，吸附力小，惰性，不与被分离的样品或缓冲液起化学反应，并具有一定坚韧度，不易断裂，容易保存。

（1）支持物类型：根据支持物对电泳的影响分为两大类：

第一类为单纯支持物：支持物相对惰性，对被分离物几乎无作用。分离作用取决于待分离物的 Q/r。荷质比相同的不同粒子 M 相等而不能分离。属于这类支持物的有滤纸、醋酸纤维薄膜、玻璃纤维纸、薄层物质、琼脂及琼脂糖凝胶、单纯纤维素纤维等（可用于分析和制备目的）；淀粉和石膏、海绵橡皮（仅用于制备目的）。

第二类为分子筛支持物：多孔网状结构的凝胶具有分子筛作用。Q/r（荷质比）相同而分子量不同的混合物粒子，可用此法进行分离。属于这类支持物的有淀粉凝胶、聚丙烯酰胺凝胶。

（2）电渗现象：电场中液体对于固体支持物的相对移动称为电渗（electro-osmosis）现象（图 2 - 1）。它是由缓冲液的水分子和支持物表面之间所产生的一种相关电荷所引起。

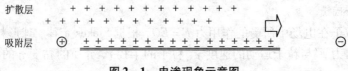

图 2 - 1　电渗现象示意图

某些支持物表面带有电荷，如滤纸纤维素带有负电性（—OH→ $-O^{\delta-}$—H 或 $O^- +$ H^+），琼脂多糖含有大量的硫酸根（$-SO_4^{2-}$），这些支持物可以使水感应产生正电离子（H_3^+O）。在电场中由于支持物固定，H_3^+O（水合质子）向阴极移动，并携带着缓冲液中的盐类和一些待分离物质一起移向负极。如果物质原来是向负极移动，那么移动速度会更快；如果是向正极移动（如血清蛋白质电泳），则 H_3^+O 的泳动方向与蛋白质泳动方向相反，影响蛋白质的泳动速度，甚至将泳动最慢的 γ - 球蛋白带到相反方向（这个原理是对流免疫电泳的理论依据）。因此，实际泳动速度由颗粒本身的泳动速度和电渗作用所决定。

在电泳支持物的选择上，应根据具体需要来选择具有不同电渗作用的支持物，如一般分离宜用电渗作用小的支持物，而对流免疫电泳则需电渗作用大的琼脂。

琼脂中的琼脂果胶（agaropection）含有较多 $-SO_4^{2-}$，除去了琼脂果胶后的琼脂糖则电渗作用大为减弱。

电渗现象及其所造成的移动方向和距离可用不带电的有色染料或有色葡聚糖点在支持物的中心加以观察确定。

3. 介质因素

（1）缓冲液的 pH：电极缓冲液的 pH 决定了待分离物的带电性质与荷电量。对于蛋白质和氨基酸等两性电解质，pH 大于等电点，分子带负电荷，移向正极；pH 小于等电点，分子带正电荷，移向负极；pH 等于等电点，分子净电荷为 0，在电场中不泳动。如：

$$Pr \left\langle \begin{matrix} NH_2 \\ COOH \end{matrix} \right.$$

$$Pr \left\langle \begin{matrix} NH_3^+ \\ COOH \end{matrix} \right. \quad \underset{H^+}{\overset{OH^-}{\rightleftarrows}} \quad Pr \left\langle \begin{matrix} NH_3^+ \\ COO^- \end{matrix} \right. \quad \underset{OH^-}{\overset{H^+}{\rightleftarrows}} \quad Pr \left\langle \begin{matrix} NH_2 \\ COO^- \end{matrix} \right.$$

pH<pI　　　　　　　　　　　pH=pI　　　　　　　　　pH>pI

阳离子　　　　　　　　　　兼性离子　　　　　　　　阴离子

溶液 pH 偏离等电点越远，分子解离程度越大，带电量越多，电泳移动速度越快；反之则越慢。不同物质等电点不同，在同一 pH 时：分子解离程度不同，带电量不同，泳动速度也就有差异。因此，分离蛋白质类混合物时，选择一个合适的 pH，使各种蛋白质所带电净电荷量差异增大，以利于分离。

恒定的 pH 环境使被分离物带电量不变，故电泳速度不变。缓冲溶液尚有对蛋白质的保护作用，使蛋白质处于溶解状态，不致沉淀、变性。

（2）缓冲液的离子强度：离子强度是表示系统中电荷数量的一个数值，是溶液中离子产生的电场强度的量度。离子强度对电泳的影响是显著的。离子强度越高，质点泳动越慢，但区带分离度较清晰。

离子强度过高，可降低胶粒（如蛋白质）的带电量（压缩双电层，降低 ξ 电位），使电泳速度减慢，甚至破坏胶体，使之不能泳动；离子强度过低，虽电位大，泳动速度加快，但缓冲液的容量小，不易维持 pH 恒定。电极缓冲液的常用离子强度为 $0.02 \sim 0.2$。溶液的离子强度可根据以下公式计算：

$$I = \frac{1}{2} \sum CZ^2$$

式中 I 为离子强度，C 为离子的摩尔浓度，z 为离子的电荷数（价数）。溶液的离子强度与离子浓度有关，但数值上不一定相等。

（3）介质中化学物质对粒子泳动的影响：若其他条件相同，电泳速度取决于粒子的 Q/r 比值。如果向介质中加入某些化学试剂，设法改变粒子的带电状态，也可影响电泳的特性。如 SDS（十二烷基硫酸钠 $[CH_3 \cdot (CH_2)_{10} \cdot CH_2—SO_3] - Na^+$）是一种阴离子去污剂，可以与蛋白质分子成比例地结合，使蛋白质分子带有大量的与其分子量成比例的负电荷，消除蛋白质分子本身电荷对泳动率的影响，可以靠分子筛作用，依据分子的不同质量，用聚丙烯酰胺凝胶电泳予以分离。如有已知分子量的标准蛋白质作对照，便可测定未知蛋白质的分子量。

（4）其他介质因素的影响：泳动率与介质黏度 η 成反比；与介电常数 D 成正比：

$$M = \frac{\xi D}{6\pi\eta} \qquad\qquad M = \frac{\xi D}{4\pi\eta}$$

　　（此公式适用于小分子）　　　　　　　（此公式适用于大分子）

4.电场因素

电场因素包括电压、电流的作用以及可能带来的热效应和水分的蒸发等。

（1）电场强度：电场强度是指每厘米支持物（长度）的电位降，也即电势梯度。例如醋酸纤维薄膜有效长度为 8 cm，两端测得电位降为 120 V，则电场强度为 15 V/cm。电场强度越大，带电颗粒移动速度越快。但电压越高，电流也会随之增高（$I = \frac{V}{R}$），产生的热量也会增多。所以，在高压电泳时，常采用冷却装置，以控制温度。

（2）热效应：通电以后便有一定的电流 I 通过介质（电阻 Ω）产生一定的热量 C，消耗一定的电功 W。其关系如下：

$$V = IR; \quad W = IV; \quad C = Wt/4.18 = I^2Rt/4.18$$

热效应对电泳的影响可以通过以下几方面表现出来：

热效应使介质黏度发生改变：η 可是 $1/T$ 的指数函数，温度了升高，η 降低；而 η 与 M 反比关系。例如，自由电泳，温度从 $0℃$ 增加到 $25℃$，η 值减半，泳动率 M 加倍。

热效应使导电性发生改变：温度和导电性的关系也是指数关系。提高温度则电流增加，泳动速度加快，出现电流、电压的改变。

热效应使扩散速度增加：温度升高，介质黏度降低，且分子热运动增加，使扩散速度加快。

热效应使介质密度不均一，甚至破坏凝胶，使实验失败。

热效应引起水分蒸发，水分蒸发又可引起 pH、离子强度、导电性、电场均一性的改变。故应保持电泳槽内的温度，减小热效应的影响。由于支持介质水分蒸发而干燥，就会从电极液中吸水。这种水流不均一，即电泳带两端水流多于中间，造成缓冲液盐浓度不一致，电场电流也不均一。

热效应改变介质 pH：温度能改变缓冲剂的平衡常数。各种缓冲液的 pH 温度系数不一致。所谓 pH 温度系数是指温度变化 1℃，其 pH 的改变数值。碱性缓冲液对温度更为敏感，这主要是 pKw 值易受温度的影响。

值得注意的是 Tris – HCl 缓冲液 pKa 值受温度的影响较大，其系数（△pKa/℃）为 0.03。表 2 – 1 列出在 25℃时配置的该缓冲液在 5℃和 37℃时的 pH 变化情况。

表 2 – 1　温度对 Tris – HC1 缓冲液 pH 的影响

5℃	25℃	37℃	5℃	25℃	37℃	5℃	25℃	37℃
7.76	7.20	6.91	8.48	7.90	7.62	9.18	8.6	8.31
7.89	7.30	7.02	8.58	8.00	7.71	9.28	8.70	8.42
7.91	7.40	7.14	8.68	8.10	7.80	9.36	8.80	8.51
8.07	7.50	7.22	8.78	8.20	7.91	9.47	8.90	8.62
8.18	7.60	7.40	8.88	8.30	8.01	9.56	9.00	8.70
7.26	7.70	7.40	8.98	8.40	8.10			
8.37	7.80	7.52	9.08	8.50	8.22			

（3）恒电流对电泳的影响：电泳过程中由于热效应使电阻降低，电泳速度加快；但同时电阻的降低又使电压不断降低（$y = IR$），使电泳速度下降，这样热效应得以补偿，电泳速度基本恒定。同时蒸发现象也得到改善。所以，无条件控制电泳温度时，最好采用恒电流方式进行电泳。

电流、电压的控制：调节电压时，按电场强度调，不必考虑支持物及宽度。如醋酸纤维薄膜电泳，膜长 8 cm，电场强度 10 V/cm，应调节电压为：10 V/cm × 8 cm = 80 V；调节电流时，总电流应调节为：$I = mA/cm$ 宽 × 宽（cm）/条 × n（条或管数）。

（4）电极反应与缓冲：

电极反应：电泳时电极反应主要是水的电解。阴极产生 H_2，阳极产生 O_2：

阴极反应：

$$2H_2O \longrightarrow 2H^+ + 2OH^-$$
$$+) \quad 2e^- + 2H^+ \longrightarrow H_2$$
$$2H_2O + 2e^- \longrightarrow 2OH^- + H_2 \uparrow$$

缓　　冲：

$$HA + OH^- \longrightarrow A^- + H_2O$$
$$2H_2O \longrightarrow 2H^+ + 2OH^-$$

阳极反应：

$$+) \quad 2OH^- \longrightarrow 4e^- + 2H^+ + O_2 \uparrow$$
$$H_2O \longrightarrow 2H^+ + \frac{1}{2}O_2 + 2e^-$$

缓　　冲：

$$A^- + H^+ \longrightarrow HA$$

由上可知,电泳时每摩尔电子在流经此系统时,分别在阴极产生 1 mol OH⁻,在阳极产生 1 mol H⁺。缓冲液对其缓冲会不断消耗。所以需要有相当高的缓冲容量才行。如长时间电泳,两端电极液可用泵慢慢混合,以防缓冲能力耗竭和 pit 改变。

由以上并可知,每生成 1 mol 的 H_2,仅生成 $\frac{1}{2}$ mol 的 O_2。这就提供了一个简便的方法以检查电极是否接正确。阳极所产生的气泡数约为阴极的一半。无电流通过时,两极均无气泡产生。

三、滤纸与醋酸纤维薄膜电泳

纸上电泳与醋酸纤维薄膜电泳(celluloseacetatemembralleelectrophomsis)分别以滤纸和醋酸纤维薄膜为支持物。滤纸是纤维素,醋酸纤维薄膜是纤维素的醋酸酯,由纤维素的羟基经乙酰化而成。它溶于丙酮等有机溶液中,即可涂布成均一细密的微孔薄膜,厚度约以 0.1~0.15 mm 为宜。太厚吸水性差,分离效果不好;太薄则膜片缺少应有的机械强度则易碎。目前,国内有醋酸纤维薄膜商品出售,不同厂家生产的薄膜主要在乙酰化、厚度、孔径、网状结构等方面有所不同,但分离效果基本一致。

(一)滤纸电泳

滤纸上电泳是在 20 世纪 40 年代与纸层析一道发展起来的分离技术,由于它具有简便、迅速等优点,在实验室和临床检验中广泛应用。自 1957 年 Kohn 首先将醋酸纤维薄膜用作电泳支持物以来,纸上电泳已被醋酸纤维薄膜电泳所取代。因为后者具有比纸上电泳电渗小,分离速度快,分离清晰,血清用量少,操作简便,电泳染色后,经冰乙酸、乙醇混合液或其他溶液浸泡后可制成透明的干板,有利于扫描定量及长期保存等优点。

(二)醋酸纤维薄膜电泳

由于醋酸纤维薄膜电泳操作简单、快速、价廉,已广泛用于分析检测血浆蛋白、脂蛋白、糖蛋白、胎儿甲种球蛋白、体液、脑脊液、脱氢酶、多肽、核酸及其他生物大分子,为心血管疾病,肝硬化及某些癌症鉴别诊断提供了可靠的依据,因而已成为医学和临床检验的常规技术。

1. 醋酸纤维薄膜电泳设备、仪器、试剂及操作方法

(1)电泳仪:使用的电泳仪应能供给稳压直流电源,电泳仪应配置有机玻璃电泳槽,常为水平式,内部有两个分隔的缓冲液槽,分别装有铂金丝电极,两液槽上部有支架,供放置滤纸、醋酸纤维薄膜等用。支持物两端以滤纸与缓冲液相连。顶部有盖,以减少液体蒸发。有的还有回流水冷却装置。

(2)缓冲液:电极缓冲液多采用 pH 8.6 的巴比妥缓冲液以分离蛋白质。

(3)基本操作步骤:

1)准备:将缓冲液注入槽内,两槽液面等高,将支持物滤纸或醋酸纤维薄膜以缓冲液浸泡饱和。盐桥支架铺上滤纸,一端浸泡在缓冲液中。

2)点样:用点样器将适量样品点在起点线上,并置于电泳槽支架上。

3)通电:打开电泳仪电源开关,调节电压(或电流)至所要求数值。醋酸纤维薄膜电泳电场强度 10~15 V/cm 膜长,或电流 0.2~2.0 mA/cm 膜宽。通电为 30~60 分钟。

4)染色与洗脱:染色剂种类可根据实验材料及目的选择。如蛋白质常用氨基黑 10B、

考马斯亮蓝和丽春红。染色后通常要用适当漂洗液漂洗至背景清晰五色为止。

5)定量：比色法，区带剪成条以碱洗脱比色；扫描，透明处理的醋酸纤维薄膜通过扫描仪可确定相对百分含量并可打印结果。

四、琼脂和琼脂糖凝胶电泳

（一）琼脂与琼脂糖的化学本质及凝胶特性

天然琼脂（agar）是从名叫石花菜的一种红色海藻中提取出来多聚糖混合物，主要由琼脂糖（agarose，约占80%）及琼脂胶（agaropectin）组成。琼脂糖是由半乳糖及其衍生物构成的中性物质，不带电荷。而琼脂胶是一种含硫酸根和羧基的强酸性多糖。由于这些基团带有电荷，在电场作用下能产生较强的电渗现象，加之硫酸根可与某些蛋白质作用而影响电泳速度及分离效果，因此目前多用琼脂糖为电泳支持物进行平板电泳，其优点如下：

（1）琼脂糖凝胶电泳操作简单，电泳速度快，样品不需事先处理就可进行电泳。

（2）琼脂糖凝胶结构均匀，含水量大（占98%~99%），近似自由电泳，样品扩散度较自由电泳小，对样品吸附极微，因此电泳图谱清晰，分辨率高，重复性好。

（3）琼脂糖透明无紫外吸收，电泳过程和结果可直接用紫外监测及定量测定。

（4）电泳后区带易染色，样品易洗脱，便于定量测定，制成干膜可长期保存。

（5）价廉，无毒性。

目前，常用1%琼脂糖作为电泳支持物，用于血清蛋白、血红蛋白、脂蛋白、糖蛋白、乳酸脱氢酶、碱性磷酸酶等同工酶的分离和鉴定，为临床某些疾病的鉴别诊断提供可靠的依据。将琼脂糖电泳与免疫化学相结合，发展成免疫电泳技术，能鉴别其他方法不能鉴别的复杂体系，由于建立了超微量技术，0.1 μg蛋白质就可检出。

琼脂糖凝胶电泳也常用于分离、鉴定核酸，如DNA鉴定、DNA限制性内切酶图谱制作等，为DNA分子及其片段分子量测定和DNA分子构象的分析提供了重要手段。由于这种方法具有操作方便、设备简单、需样品量少、分辨能力高的优点，已成为基因工程研究中常用实验方法之一。

（二）脱氧核糖核酸（DNA）的琼脂糖凝胶电泳

琼脂糖凝胶电泳对核酸的分离作用主要依据它们的分子量及分子构型，同时与凝胶的浓度也有密切关系。

1.核酸分子大小与琼脂糖浓度的关系

（1）DNA分子的大小：在凝胶中，较小的DNA片段迁移比较大的片段快。DNA片段迁移距离（迁移率）与其分子量的对数成反比。因此通过已知大小的标准物移动的距离与未知片段的移动距离进行比较，便可测出未知片段的大小。但是当DNA分子大小超过20kb时，普通琼脂糖凝胶就很难将它们分开。此时电泳的迁移率不再依赖于分子大小，因此，应用琼脂糖凝胶电泳分离DNA时，分子大小不宜超过此值。

（2）琼脂糖的浓度：一定大小的DNA片段在不同浓度的琼脂糖凝胶中，电泳迁移率不相同（图2-2）。不同浓度的琼脂糖凝胶适宜分离DNA片段大小范围详见表2-2。因而要有效地分离大小不同的DNA片段，主要是选用适当的琼脂糖凝胶浓度。

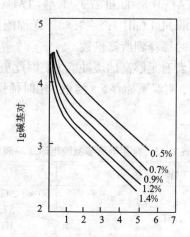

图 2 - 2 移动距离与碱基对的相应关系

缓冲液: 0.5×TBE, 0.5 μg/mL 溴乙锭, 电泳条件: 1 V/cm, 16 h

表 2 - 2 琼脂糖凝胶浓度与分辨 DNA 大小范围的关系

琼脂糖凝胶浓度(%)	可分辨的线性 DNA 大小范围(kb)
0.3	60 ~ 5
0.6	20 ~ 1
0.7	10 ~ 0.8
0.9	7 ~ 0.5
1.2	6 ~ 0.4
1.5	4 ~ 0.2
2.0	3 ~ 0.1

2. 核酸构象与琼脂糖凝胶电泳分离的关系

不同构象的 DNA 在琼脂糖凝胶中的电泳速度差别较大。根据 Aai, i 和 Borst 的研究结果表明, 在分子量相当的情况下, 不同构象的 DNA 的移动速度次序如下: 共价闭环 DNA (covalently closed circular, 简称 cccDNA) > 直线 DNA > 开环的双链环状 DNA。当琼脂糖浓度太高时, 环状 DNA(一般为球形)不能进入胶中, 相对迁移率为 0(Am: 0), 而同等大小的直线双链 DNA(刚性棒状)则可以长轴方向前进(Am > 0), 由此可见, 这 3 种构象的相对迁移率主要取决于凝胶浓度。但同时也受到电流强度, 缓冲液离子强度等的影响。琼脂糖凝胶电泳基本方法简要介绍如下:

(1)凝胶电泳类型: 用于分离核酸的琼脂糖凝胶电泳也可分为垂直型及水平型(平板型)。水平型电泳时, 凝胶板完全浸泡在电极缓冲液下 1 ~ 2 mm, 故又称为潜水式。目前更多用的是后者, 因为它制胶和加样比较方便, 电泳槽简单, 易于制作, 又可以根据需要制备不同规格的凝胶板, 节约凝胶, 因而受到人们的欢迎。

(2)缓冲液系统: DNA 的电泳迁移率受到电泳缓冲液的成分和离子强度的影响, 当缺少离子时, 电流传导很少, DNA 迁移非常慢; 相反, 高离子强度的缓冲液由于电流传导非常有效, 导致大量的热量产生, 严重时, 会造成胶熔化和 DNA 的变性。

常用的电泳缓冲液有 EDTA(pH 8.0)和 Tris – L 酸(TAE)，Tris – 硼酸(TBE)或 Tris – 磷酸(TPE)等，浓度约为 50n mLol/L(pH 7.5 – 7.8)，详细配制见表 2 – 3。电泳缓冲液一般都配制成浓的储备液，临用时稀释到所需倍数。

TAE 缓冲能力较低，后两者有足够高的缓冲能力，因此更常用。TBE 浓溶液储存长时间会出现沉淀，为避免此缺点，室温下储存 5 × 溶液，用时稀释 10 倍。0.5 × 工作溶液即能提供足够缓冲能力。

表 2 – 3　常用琼脂糖凝胶电泳缓冲液

缓冲液	工作溶液	储存液(1000 mL)
Tris – 乙酸 (TAE)	1 × :0.04 mol/L Tris – 乙酸 0.001 mol/L EDTA	50 × : 242 g Tris 57.1 mL 冰乙酸 100 mL 0.5 mol/L EDTA(pH8.0)
Tris – 磷酸 (TPE)	1 × :0.09 mol/L Tris – 磷酸 0.002 mol/L EDTA	10 ×108 g Tris 15.5 mL 85% 磷酸(1.679 g/mL) 40 mL 0.5 mol/L EDTA(pH8.0)
Tris – 硼酸 (TBE)	0.5 × :0.045 mol/L Tris – 硼酸 0.001 mol/L EDTA	5 × :54 g Tris 27.5 g 硼酸 20 mL 0.5 mol/L Edta(pH8.0)

(3)琼脂糖凝胶的制备

1)水平型：以稀释的工作电泳缓冲液配制所需的凝胶浓度。

2)垂直型：同样以稀释的电泳缓冲液配胶，然后将熔化好的胶液灌人两块垂直放置的玻璃板间的窄缝内。具体操作类同于聚丙烯酰胺垂直板电泳。

(4)样品配制与加样：DNA 样品用适量 Tris – EDTA 缓冲液溶解，缓冲溶解液内含有 0.25% 溴酚蓝或其他指示染料与 10% ~15% 蔗糖或 5% ~10% 甘油，以增加其比重，使样品集中。为避免蔗糖或甘油可能使电泳结果产生 U 形条带，可改用 2.5% Ficoll(聚蔗糖)代替蔗糖或甘油。

(5)电泳：琼脂糖凝胶分离大分子 DNA 实验条件的研究结果表明：在低浓度、低电压下，分离效果好。在低电压条件下，线性 DNA 分子的电泳迁移率与所用的电压呈正比。但是，在电场强度增加时，分子量高的 DNA 片段迁移率的增加是有差别的。因此随着电压的增高，电泳分辨率反而下降，分子量与迁移率之间就可能偏离线性关系。为了获得电泳分离 DNA 片段的最大分辨率，电场强度不宜高于 5 V/cm。

电泳系统的温度对于 DNA 在琼脂糖凝胶中的电泳行为没有显著的影响。通常在室温进行电泳，只有当凝胶浓度低于 0.5% 时，为增加凝胶硬度，可在 4℃ 低温下进行电泳。

(6)染色：常用荧光染料为溴化乙锭进行染色，以观察琼脂糖凝胶内的 DNA 条带，详见本章第四节。琼脂糖凝胶电泳分离 DNA 具体实验操作见实验部分。

(三)免疫电泳

免疫电泳是以琼脂(糖)为支持物，在免疫的基础上，将琼脂(糖)区带电泳与免疫扩散相结合产生特异性的沉淀线、弧或峰。此技术的特点是样品用量极少，免疫识别具有专一性，分辨率高。在琼脂(糖)双扩散的基础上发展成多种免疫电泳、微量免疫电泳、对流免疫电泳、单向定量免疫电泳(火箭电泳)、放射免疫电泳及双向定量免疫等，上述各种电泳有其共性，但又有不同的操作方法及原理。

五、聚丙烯酰胺凝胶电泳

聚丙烯酰胺疑胶是由单体（monomer）丙烯酰胺（acrylamide，简称 Acr）和交联剂（cross-linker）又称为共聚体的 N，N – 甲叉双丙烯酰胺（methylene-bisacrylamide，简称 Bis）在加速剂和催化剂的作用下聚合交联成三维网状结构的凝胶，以此凝胶为支持物的电泳称为聚丙烯酰胺凝胶电泳（polyacrylamidegelelectrophoresis，简称 PAGE）。与其他凝胶相比，聚丙烯酰胺凝胶有下列优点：

（1）在一定浓度时，凝胶透明，有弹性，机械性能好。

（2）化学性能稳定，与被分离物不起化学反应。

（3）对 pH 和温度变化较稳定。

（4）几乎无电渗作用，只要 Acr 纯度高，操作条件一致，则样品分离重复性好。

（5）样品不易扩散，且用量少，其灵敏度可达 10^{-6}g。

（6）凝胶孔径可调节，根据被分离物的分子量选择合适的浓度，通过改变单体及交联剂的浓度调节凝胶的孔径。

（7）分辨率高，尤其在不连续凝胶电泳中，集浓缩、分子筛和电荷效应为一体，因而较醋酸纤维薄膜电泳、琼脂糖电泳等有更高的分辨率。PAGE 应用范围广，可用于蛋白质、酶、核酸等生物分子的分离、定性、定量及少量的制备，还可测定分子量、等电点等。

自 1964 年 R. J. Davis 和 L. Omstem 等用聚丙烯酰胺凝胶圆盘电泳分离血清蛋白后，又相继发展了聚丙烯酰胺凝胶垂直板电泳、聚丙烯酰胺梯度凝胶电泳、十二烷基硫酸钠 – 聚丙烯酰胺凝胶电泳、等电聚焦电泳及双向电泳等技术，这些技术在凝胶聚合方面有共同之处，但又有各自的特点，分别叙述如下。

（一）丙烯酰胺凝胶聚合原理及有关特性

1. 聚合反应

聚丙烯酰胺是由 Acr 和 Bis 在催化剂过硫酸铵（amnlollitlnlpersulfate（NH_4）$_2S_2O_8$，简称 AP）、核黄素（ribofavin 即 vitaminB$_2$，$C_{17}H_{20}O_6N_4$）和加速剂 N，N，N′，N′ – 四甲基乙二胺（N，N，N′，N′ – ytetramethylethylenediamine，简称 TEMED）的作用下，聚合而成的三维网孔结构，催化剂和加速剂的种类很多，目前常用的有 2 种催化体系。

（1）AP – TEMED 催化体系：这是化学聚合作用，TEMED 是一种脂肪族四甲基乙二胺 $H_3C—N(CH_2)_2N—CH_3$，它的碱基可催化 AP 水溶液产生出游离氧原子，然后激活 Acr 单体，形成单体长链，在交联剂 Bis 作用下聚合成凝胶，其反应如下：

TEMED 催化 AP 生成硫酸自由基：

$$S^2O_8^{2-} \longrightarrow 2SO_4^{2-}$$

（过硫酸）　　（硫酸自由基）

硫酸自由基的氧原子激活 Acr 单体并形成单体长链：

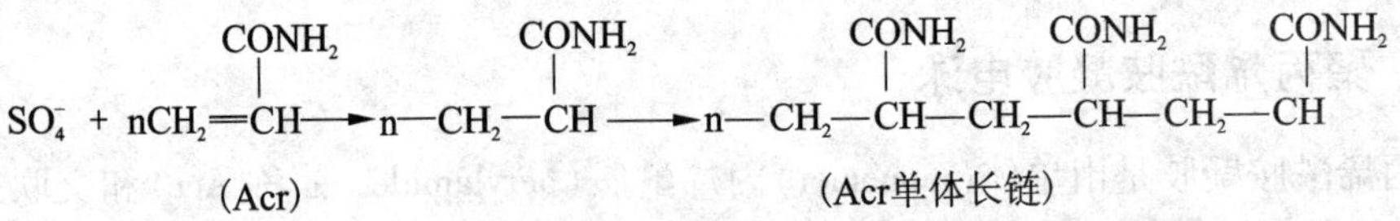

$$SO_4^- + nCH_2=CH \xrightarrow{\quad} n-CH_2-CH \xrightarrow{\quad} n-CH_2-CH-CH_2-CH-CH_2-CH$$

(各带 CONH₂ 侧基)

(Acr)　　　　　　　　　　　　　　　　　　　　(Acr单体长链)

Bis 将单体长链间连成网状结构:

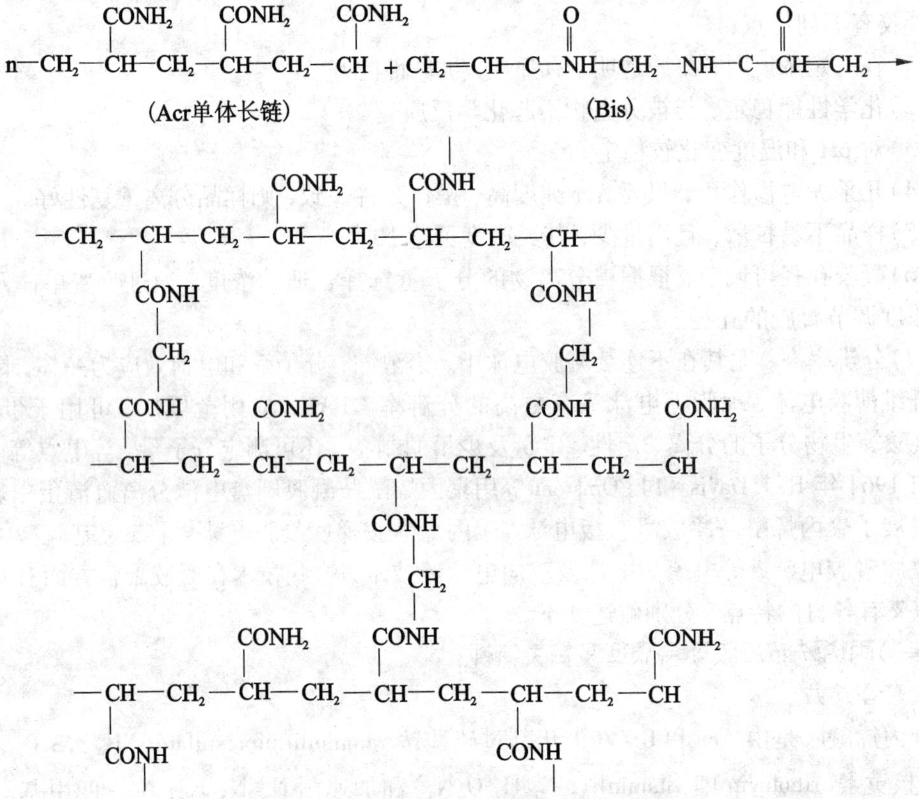

(Acr单体长链)　　　　　　　　　　(Bis)

三维网状凝胶

从反应式中,可看出此凝胶是三维网状的,由— C—C—C—C —结合,带不活泼酰胺基侧链的聚合物,没有或很少带有离子侧基,因而凝胶性能稳定,无电渗作用。在碱性条件下,凝胶易聚合。其聚合的速度与 AP 浓度平方根成正比,一般在室温、pH 8.8 时,7.5% 丙烯酰胺溶液30 分钟完成聚合作用。在 pH 4.3 时聚合速度很低,约需90 分钟才能聚合。此外,应选择高纯度的 Acr 及 Bis。杂质、某些金屑离子、低温和氧分子能延长或阻止碳链的延长与聚合作用。用此法聚合的凝胶孔径较小,常用于制备分离胶(小于 L 胶),而且各次制备的重复性好。

(2)核黄素 – TEMED 催化体系

这是光聚合作用。TEMED 可加速凝胶的聚合,但不加也可聚合。光聚合作用通常需痕量氧原子存在才能发生,因为核黄素在 TEMED 及光照条件下,还原成无色核黄素,后者被氧再氧化形成自由基,从而引发聚合作用。但过量氧会阻止链长的增加,因此应避免过量氧的存在。用核黄素进行光聚合的优点是：核黄素用量少(4 mg/100 mL)，不会引起酶的钝化或蛋白质生物活性的丧失；通过光照可以预定聚合时间，但光聚合的凝胶孔径较大，而且随时间延长而逐渐变小，不太稳定，所以用它制备浓缩胶(大孔胶)较合适。为使重复性好，每次光照时间、强度均应一致。

2. 凝胶孔径的可调性及其有关性质

凝胶性能与总浓度及交联度的关系凝胶的孔径、机械性能、弹性、透明度、黏度和聚合程度取决于凝胶总浓度和 Acr 与 Bis 之比。

$$T\% = \frac{a+b}{m} \times 100$$

$$C\% = \frac{b}{a+b} \times 100$$

其中，$T\%$：Acr 和 Bis 总浓度，$c\%$：交联剂百分比，a = Acr 克数，b = Bis 克数，m = 缓冲液体积(mL)。

a/b(W/W)与凝胶的机械性能密切相关。当$(a/b) < 10$ 时，凝胶脆而易碎，坚硬呈乳白色；当$(a/b) > 100$ 时，即使 5% 的凝胶也呈糊状，易于断裂。欲制备完全透明而又有弹性的凝胶，应控制 $a/b = 30$ 左右。不同浓度的单体对凝胶性能影响很大，B. J. Davis 的实验发现：Acr < 2%，Bis < 0.5%，凝胶就不能聚合。当增加 Acr 浓度时要适当降低 Bis 的浓度。通常，T 为 2% ~5% 时，a/b：20 左右；T 为 5% ~10% 时，a/b：40 左右；T 为 15% ~20% 时，$a/b = 125 \sim 200$，为此 E, C. Richard 等(1965)提出一个选择 c 和 T 的经验公式：

$$c = 6.5 - 0.3T$$

此公式适用于 T 为 5% ~20% 范围内的 c 值，其值可有 1% 的变化。在研究大分子核酸时，常用 T：2.4% 的大孔凝胶，此时凝胶太软，不宜操作，可加入 0.5% 琼脂糖。在 $T = 3\%$ 时，也可加入 20% 蔗糖以增加机械性能，并不影响凝胶孔径的大小。

(1)凝胶浓度与孔径的关系：T 与 c 不仅与凝胶的机械性能有关，还与凝胶的孔径关系极为密切。一般讲，T 浓度大，孔径小，移动颗粒穿过网孔阻力大。T 浓度小，孔径大，移动颗粒穿过网孔阻力小。此外，凝胶聚合时的孔径不仅与 Acr 有关，还与 Bis 用量有关，见表 2 - 4。

表 2 - 4 Bis 含量与不同凝胶浓度平均孔径的关系

总 Acr 浓度(%)	平均孔径(nm)			
	Bis(%) = 1 1	Bis(%) = 5	Bis(%) = 15	Bis(%) = 25
6.5	2.4	1.9	2.8	—
8.0	2.3	1.6	2.4	3.6
10.0	1.9	1.4	2.0	3.0
12.0	1.7	0.9	—	—
15.0	1.4	0.4	—	—

从表 2 - 4 可见：当 Bis 占 Acr 总浓度 5% 时，不管总 Acr 浓度有多大，凝胶平均孔径均最小；高于或低于 5% 时孔径相应变大。

（2）凝胶浓度与被分离物分子量的关系：由于凝胶浓度不同，平均孔径不同，能通过可移动颗粒的分子量也不同，其大致范围如表2-5。

表2-5　相对分子质量范围与凝胶浓度的关系

分子量范围		适用的凝胶浓度(%)
蛋白质	$< 10^4$	20 ~ 30
	$1 ~ 4 \times 10^4$	15 ~ 20
	$4 \times 10^4 ~ 1 \times 10^5$	10 ~ 15
	$1 ~ 5 \times 10^5$	05 ~ 10
	$> 5 \times 10^5$	2 ~ 5
核酸(RNA)	$< 10^4$	15 ~ 20
$< 10^4$	$10^4 ~ 10^5$	5 ~ 10
	$10^5 ~ 2 \times 10^6$	2 ~ 2.6

在操作时，可根据被分离物的相对分子质量大小选择所需凝胶的浓度范围。也可先选用7.5%凝胶（标准胶），因为生物体内大多数蛋白质在此范围内电泳均可取得较满意的结果。如分析未知样品时也可用4% ~ 10%的梯度胶测试，根据分离情况选择适宜的浓度以取得理想的分离效果。

3. 试剂对凝胶聚合的影响

Acr及Bis的纯度：应选用分析纯的Act及Bis，两者均为白色结晶物质，η_{280nm}无紫外吸收。如试剂不纯，含有杂质或丙烯酸时，则凝胶聚合不均一。或聚合时间延长甚至不聚合，因而需进一步纯化，纯化方法见本书实验章节。

Acr及Bis固体应避光，储存在棕色瓶中，因自然光、超声波及x射线均可引起Acr自身聚合或形成亚胺桥而交联，造成试剂失效。值得注意的是，配制的Act和Bis储液的pH为4.9 ~ 5.2，当pH的改变大于0.4则不能使用，因在偏酸或偏碱的环境中，它们可不断水解放出丙烯酸和NU_3、NH_4^+而引起pH改变，从而影响凝胶聚合。因此，配制的Act和Bis储液应置棕色瓶中，4℃储存，存放期一般不超过1 ~ 2个月为宜。

AP、核黄素、TEMED是凝胶聚合不可缺少的试剂，应选择AR试剂，AP为白色粉末，核黄素为黄色粉末，应在干燥、避光的条件下保存，其水溶液应置棕色瓶中，4℃冰箱储存，一般AP溶液仅能用1周。TEMED为淡黄色油状液，原液应密闭储于4℃冰箱中。

配试剂应用双蒸水或高纯度的去离子水，以防其他杂质的影响。

（二）聚丙烯酰胺凝胶电泳原理

聚丙烯酰胺凝胶电泳根据其有无浓缩效应，分为连续系统与不连续系统两大类。前者电泳体系中缓冲液pH及凝胶浓度相同，带电颗粒在电场作用下，主要靠电荷及分子筛效应；后者电泳体系中由于缓冲液离子成分、pa、凝胶浓度及电位梯度的不连续性，带电颗粒在电场中泳动不仅有电荷效应、分子筛效应，还具有浓缩效应，因而其分离条带清晰度及分辨率均较前者佳。目前常用的多为垂直的圆盘及板状两种。前者凝胶是在玻璃管中聚合，样品分离区带染色后呈圆盘状，因而称为圆盘电泳(discelecm phoresis)；后者凝胶是在2块间隔几毫米的平行玻璃板中聚合，故称为板状电泳(slabelectro Phoresis)。两者电泳原理完全相同。现以 R. J. Davis 等(1964)用高 pH 不连续圆盘 PAGE 分离血清蛋白为例,阐明各种效应的原理。

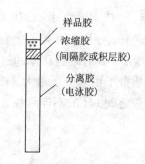

图 2 – 3 在玻璃管中装有 3 层不同的凝胶示意图
一般玻璃管内径为 0.7 cm,长为 10 cm

不连续体系由电极缓冲液,样品胶、浓缩胶及分离胶所组成,它们在直立的玻璃管中(或 2 层玻璃板中)排列顺序依次为上层样品胶、中间浓缩胶、下层分离胶,如示意图 2 – 3。

样品胶是核黄素催化聚合而成的大孔胶,$T = 3\%$,$c = 2\%$,其中含有一定量的样品及 pH 6.7 的 Tris – HCl 凝胶缓冲液,其作用是防止对流,促使样品浓缩以免被电极缓冲液稀释。目前,一般不用样品胶,直接在样品液中加入等体积 40% 蔗糖,同样具有防止对流及样品被稀释的作用。

实际上,浓缩胶是样品胶的延续,凝胶浓度及 pH 与样品胶完全相同,其作用是使样品进入分离胶前,被浓缩成窄的扁盘,从而提高分离效果。

分离胶是由 AP 催化聚合而成的小孔胶,$T = 7.0\% \sim 7.5\%$,$c = 2.5\%$,凝胶缓冲液为 pH 8.9 的 Tris – HCl,大部分血清中各种蛋白质在此 pH 条件下,按各自负电荷量及分子量泳动。此胶主要起分子筛作用。

上、下电泳槽是用聚苯乙烯或二甲基丙烯酸(商品名为 Lu′cite)制作的。将带有 3 层凝胶的玻璃管垂直放在电泳槽中,在两个电极槽中倒入足够量 pH 8.3 的 Tris – 甘氨酸电极缓冲液,接通电源即可进行电泳。在此电泳体系中,有 2 种孔径的凝胶,2 种缓冲体系、3 种 pH,因而形成了凝胶孔径、pH、缓冲液离子成分的不连续性,这是样品浓缩的主要因素。PAGE 具有较高的分辨率,就是因为在电泳体系中集样品浓缩效应、分子筛效应及电荷效应为一体。下面就这 3 种物理效应的原理分别加以说明。

1. 样品浓缩效应

(1)凝胶孔径不连续性:在上述 3 层凝胶中,样品胶及浓缩胶 $T = 3\%$ 为大孔胶;分离胶 $T = 7\%$ 或 .5% 为小孔胶。在电场作用下,蛋白质颗粒在大孔胶中泳动遇到的阻力小,移动速度快;当进入小孔胶时,蛋白质颗粒泳动受到的阻力大,移动速度减慢。因而在两层凝胶交界处,由于凝胶孔径的不连续性使样品迁移受阻而压缩成很窄的区带。

(2)缓冲体系离子成分及 pH 的不连续性:在 3 层凝胶中均有三羟甲基氨基甲烷(简称 Tris)及 HCl,Tris 的作用是维持溶液的电中性及 pH,是缓冲配对离子。HCl 在任何 pH 溶液中均易解离 Cl^-,它在电场中迁移率快,走在最前面称为前导离子(leadingion)或快离子。在电极缓冲液中,除有 Tris 外,还有甘氨酸(gycine),其 $pK_1 = 2.34$,$pK_2 = 9.7$,pI:$(pK_1 + pK_2)/2 = 6.0$,它在 pH 8.3 的电极缓冲液中,易解离出甘氨酸根($NH_2CH_2COO^-$),而在 pH 6.7 的凝胶缓冲体系中,甘氨酸解离度最小,仅有 1% ~ 0.1%,因而在电场中迁移很慢,称为尾随离子(trailingion)或慢离子。血清中,大多数蛋白质 pH 在 5.0 左右,在 pH 6.7 或 8.38 时均带负电荷,在电场中,都向正极移动,其有效迁移率(有效迁移率:1210/m 为迁移率。为解离度)介于快离子与慢离子之间,于是蛋白质就在快,慢离子形成的界面处,被浓缩成为极窄的区带。它们的有效迁移率按下列顺序排列:$m_{Cl}\alpha_{Cl} > m_p\alpha_p > m_G\alpha_G$

（Cl代表氯根，P代表蛋白质，C代表甘氨酸根）。

　　若为有色样品，则可在界面处看到有色的极窄区带。当进入 pH 8.9 的分离胶时，甘氨酸，解离度增加，其有效迁移率超过蛋白质；因此 Cl⁻ 及 $NH_2CH_2COO^-$ 沿着离子界面继续前进。蛋白质分子由于分子量大，被留在后面，然后再分成多个区带（图 2 - 4）。因此，浓缩胶与分离胶之间 pH 的不连续性，是为了控制慢离子的解离度，从而控制其有效迁移率。

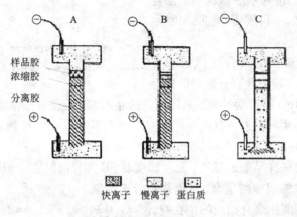

图 2 - 4　电泳过程示意图

　　在样品胶和浓缩胶中，要求慢离子较所有被分离样品的有效迁移率低，以使样品夹在快、慢离子界面之间被浓缩。进入分离胶后，慢离子的有效移率比所有样品的有效迁移率高，使样品不再受离子界面的影响。

　　此在快离子后面，形成一个离子浓度低的区域即低电导区。因为在下式中，

$$E = \frac{1}{\eta}$$

E 为电位梯度，I 为电流强度，η 为电导率。E 与 η 成反比，所以低电导区就有了较高的电位梯度。这种高电位梯度使蛋白质和慢离子在快离子后面加速移动。当快离子、慢离子和蛋白质的迁移率与电位梯度的乘积彼此相等时，则三种离子移动速度相同。在快离子和慢离子的移动速度相等的稳定状态建立之后，则在快离子和慢离子之间形成一个稳定而又不断向阳极移动的界面。也就是说，在高电位梯度和低电位梯度之间的地方，形成一个迅速移动的界面（图 2 - 5）。由于蛋白质的有效迁移率恰好介于快、慢离子之间，因此也就聚集在这个移动的界面附近，被浓缩成一个狭小的中间层。

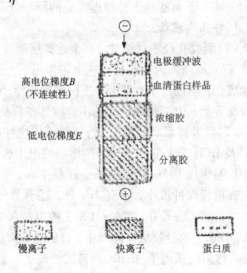

图 2 - 5　不连续系统浓缩效应示意图

2. 分子筛效应

分子量或分子大小和形状不同的蛋白质通过一定孔径分离胶时,受阻滞的程度不同而表现出不同的迁移率。这就是分子筛效应。

经上述浓缩效应后,快、慢离子及蛋白质均进入 pH 8.9 的同一孔径的分离胶中。此时,高电压消失,在均一的电压梯度下,由于甘氨酸解离度增加,加之其分子量小,则有效泳动率增加,赶上并超过各种血清蛋白。因此,各种血清蛋白进入同一孔径的小孔胶时,则分子迁移速度与分子量大小和形状密切相关,分子量小且为球形的蛋白质分子所受阻力小,移动快,走在前面;反之则阻且力大,移动慢,走在后面,从而通过凝胶的分子筛作用将各种蛋白质分成各自的区带。这种分子筛效应不同于柱层析中的分子筛效应,后者是大分子先从凝胶颗粒间的缝隙流出,小分子后流出。

3. 电荷效应

虽然各种血清蛋白在浓缩胶与分离胶界面处被高度浓缩,堆积成层,形成一狭窄的高浓度蛋白区,但进入 pH 8.9 的分离胶中,各种血清蛋白所带净电荷不同,而有不同的迁移率。表面电荷多、则迁移快;反之,则慢。因此,各种蛋白质按电荷多少,分子量及形状,似一定顺序排成一个个圆盘状的区带,因而称为圆盘电泳。

目前,PAGE 连续体系应用也很广。虽然电泳过程中无浓缩效应,但利用分子筛及电荷效应也可使样品得到较好的分离,加之在温和的 pH 条件下,不致使蛋白质、酶、核酸等活性物质变性失活,也显示了它的优越性,而常为利,学工作者所采纳。

聚丙烯酰胺垂直板电泳是在圆盘电泳的基础上建立的。两者电泳原理完全相同,只是灌胶的方式不同。凝胶不是灌在玻璃管中,而是灌在嵌入橡胶框凹槽中长度不同的 2 块平行玻璃板的间隙内,且间隙可调节,一般有 0.5 mm、1.5 mm、3 mm 三种规格的橡胶框。

前两种多用于分析鉴定,后一种常用于制备。垂直板电泳较圆盘电泳有更多的优越性:

表面积大而薄,便于通冷却水以降低热效应,条带更清晰。

在同一块胶板上,可同时进行 10 个以上样品的电泳,便于在同一条件下比较分析鉴定,还可用于印迹转移电泳及放射自显影。

胶板制作方便,易剥离,样品用量少,分辨率高,不仅可用于分析,还可用于制备。

胶板薄而透明,电泳染色后可制成干板,便于长期保存与扫描。

可进行双向电泳。

血清蛋白在纸或醋酸纤维薄膜电泳中,只能分离出 5~6 条区带,而上述 2 种形式的聚丙烯酰胺凝胶电泳却可分离出数十条区带,因而,目前 PAGE 已广泛用于科研、农、医及临床诊断的分析、制备,如蛋白质、酶、核酸、血清蛋白、脂蛋白的分离及病毒、细菌提取液的分离等。

六、SDS – 聚丙烯酰胺凝胶电泳测定蛋白质分子量

测定蛋白质分子量凝胶电泳分离蛋白质是依靠蛋白质所带电荷和凝胶的分子筛作用,若要测蛋白质的分子量,必须除去蛋白质所带电荷的影响。为消除净电荷对迁移率的影响,可采用聚丙烯酰胺浓度梯度电泳,利用它所形成孔径不同引起的分子筛效应,可将蛋白质分开。也可在整个电泳体系中加入十二烷基硫酸钠(sodiumdodecylsulfate,简称 SDS),

则电泳迁移率主要依赖于分子量,而与所带的净电荷和形状无关,这种电泳力法称为 SDS -PAGE。它也可分为连续 SDS - PAGE 及不连续 SDS - PAGE 两种。

实验证实分子量在 15 000 ~ 200 000 的范围内,电泳迁移率与分子量的对数呈直线关系,如图 2 ~ 6。其误差范围一般在 ±10% 之内。此法不仅对球蛋白效果好,对某些有高螺旋构型的杆状分子如肌球蛋白、副肌球蛋白(paramyosin)和原肌球蛋白(tlo·pomyosin)等分子量测定也得到较好的结果。

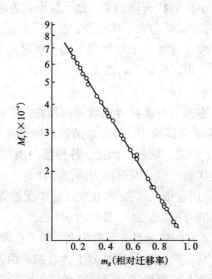

图 2 – 6　37 种蛋白质的分子量对数与电泳迁移率的关系图
MW 为 11000 ~ 70000,10% 凝胶,pH7.0,SDS – 碳酸盐缓冲系统

(一)SDS – PAGE 测定蛋白质分子量的原理

SDS 是阴离子去污剂,在水溶液中,以单体和分子团(micelle)的混合形式存在,单体和分子团的浓度与 SDS 总浓度、离子强度及温度有关,为了使单体和蛋白质结合生成蛋白质 – SDS 复合物,因而需要采取低离子强度,使单体浓度有所升高。在单体浓度为 0.5 工程 mmol/L 以上时,蛋白质和 SDS 就能结合成复合物;当 SDS 单体浓度大于 1 mmol/L 时,它与大多数蛋白质平均结合比为 1.4 g SDS/lg 蛋白质;在低于 0.5 mmol/L 浓度时,其结合比一般为 0.4 g SDS/lg 蛋白质。由于 SDS 带有大量的负电荷,当其与蛋白质结合时,所带的负电荷大大超过了天然蛋白质原有的负电荷,因而消除或掩盖了不同种类蛋白质间原有电荷的差异,均带有相同密度的负电荷,因而可利用分子量差异将各种蛋白质分开。在蛋白质溶解液中,加入 SDS 和巯基乙醇,巯基乙醇可使蛋白质分子中的二硫键还原,使多肽组分分成单个亚单位。SDS 可使蛋白质的氢键、疏水键打断。因此它与蛋白结合后,还引起蛋白质构象的改变。此复合物的流体力学和光学性质均表明,它们在水溶液中的形状近似雪茄形的长椭圆棒。不同蛋白质 – SDS 复合物的短轴相同,约 1.8 nm,而长轴改变则与蛋白质的分子量成正比。

基于上述两种情况,蛋白质 – SDS 复合物在凝胶电泳中的迁移率不再受蛋白质原有电荷和形状的影响,而只是与椭圆棒的长度,也就是蛋白质分子量的函数有关。

SDS – PAGE 测定分子量是将一系列已知相对分子质量蛋白质与未知分子量蛋白质在

相同条件下电泳,然后以分子量的对数为纵坐标,以泳动率为横坐标作图,在坐标上查出未知蛋白质的分子量。

测定未知蛋白质相对分子质量时,可选用相应的一组标准蛋白及适宜的凝胶浓度(表2-6)。

表 2-6 聚丙烯酰胺凝胶浓度与分子量范围的关系

蛋白质相对分子质量范围	凝胶浓度(%)
>200 000	3.33
25 000~200 000	5
10 000~70 000	10
10 000~50 000	15

用此法测定蛋白质相对分子质量具有仪器设备简单、操作方便、样品用量少、耗时少(仅需一天)、分辨率高、重复效果好等优点,因而得到非常广泛的应用与发展。它不仅用于蛋白质分子量测定,还可用于蛋白混合组分的分离和亚组分的分析,当蛋白质经 SDS - PAGE 分离后,设法将各种蛋白质从凝胶上洗脱下来,除去 SDS,还可进行氨基酸顺序,酶解图谱及抗原性质等方面的研究。

然而 SDS - PAGE 也有不足之处,尤其是电荷异常或构象异常的蛋白、带有较大辅基的蛋白(如糖蛋白)及一些结构蛋白等测出的分子量不太可靠。因此要确定某种蛋白质的分子量时,最好用两种测定方法互相验证。尤其是对一些由亚基或 2 条以上肽链组成的蛋白质,由于 SDS 及巯基乙醇的作用,肽链间的二硫键被打开,解离成亚基或单个肽链,因此测定结果只是亚基或单条肽链的分子量,还需用其他方法测定其分子量及分子中肽链的数目。

尽管连续 SDS - PAGE 在测定蛋白质分子量方面已取得令人满意的结果,然而其浓缩效应差。已趋向用不连续 SDS - PAGE,其分辨率较连续 SDS - PAGE 高出 1.5~2 倍。这主要是因为不连续 SDS - PAGE 有较好的浓缩效应。其基本原理与 Davis 等人分析血清蛋白所用的不连续 PAGE 相同,只是在操作上有区别:①不连续 SDS - PAGE 在凝胶、电极缓冲液中均加进了 SDS,蛋白质样品溶解液含有 1% SDS 和 1% 巯基乙醇。样品液加样前经过 37% 保温 3 小时或 100 ℃ 加热 3 分钟;②不连续 SDS - PAGE 分离胶浓度为 13%,而不是 7%,因为在此不连续系统中,凝胶浓度低于 10% 时,分子量低于 25000 的蛋白质走得快,且常和溴酚蓝染料走在一起,甚至超过染料,而 13% 分离胶则有较好的效果。

(二)聚丙烯酰胺梯度凝胶电泳原理

用连续 SDS - PACE 测定蛋白质分子量,由于 SDS 及巯基乙醇的作用,天然蛋白质解离为亚基或肽链,因此测得的分子量不是天然蛋白质的分子量,要确定其真正的分子量还需配合其他方法验证。为弥补这一缺陷,1968 年以来,Margolis 和 Slater 等人以聚丙烯酰胺(Polyacry Lamid,简称 PAA)为支持物,制备成孔径梯度(poregradient,简称 PG)或称为梯度凝胶(gradientgels),进行 PAGE(简称 PG - PAGE)分离和鉴定各种蛋白质组分,并首次用来测定蛋白质分子量。后来,Rod - rd 等人比较了线性梯度和非线性梯度以及在均一浓度凝胶电泳,实验证实梯度凝胶分辨率更好。

线性梯度凝胶制备,不同于均一浓度凝胶制备,应预先配制低浓度胶(1% 或 4%)储液置储液瓶中；高浓度胶(6%或30%)储液置混合瓶中(两者体积比为1∶1)，在梯度混合器及蠕动泵的协助下，从下至上灌胶(图2-7)，凝胶聚合后，则形成从下到上，从浓至稀依次排列的线性梯度凝胶。

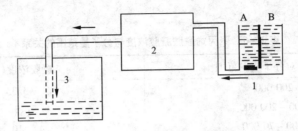

图2-7　梯度凝胶发生装置

1—混合器；A为储液瓶；B为混合瓶；2—蠕动泵；3—凝胶模；箭头表示液体流动方向

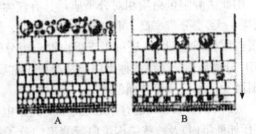

图2-8　梯度凝胶电泳示意图

A.电泳开始前；B.电泳结束时

在pH大于蛋白质等电点(pI)的缓冲体系中电泳时，蛋白质样品从负极向正极移动，也就是说从上向下，向着凝胶浓度增加(孔径逐渐减小)的方向移动。随着电泳的继续进行，蛋白质颗粒的迁移由于孔径渐小。阻力愈来愈大。在开始时，蛋白质在凝胶中的迁移速度主要受两个因素影响：一是蛋白质本身的电荷密度，电荷密度愈高，迁移率愈快；二是蛋白质本身的大小，分子量愈大，迁移速度愈慢。当蛋白质迁移到所受阻力最大时，则完全停止前进。此时，低电荷密度的蛋白质将"赶上"与它大小相似，但具有较高电荷密度的蛋白质。因此，在梯度凝胶电泳中，蛋白质的最终迁移位置仅取决于其本身分子大小，而与蛋白质本身的电荷密度无关。梯度电泳原理可用图2-8表示，图中方格代表凝胶孔径，自上而下，孔径逐渐变小，形成梯度，圆球分别代表大、中、小3种不同分子量的蛋白质，A代表电泳开始前分子的状况；B表示经过一定时间电泳后，所有大小不同的分子均进入梯度凝胶孔径中，大、中、小分子分别滞留在与分子大小相当的凝胶孔径中，不再前进，因而分离成3个区带。

从上述过程中可看出，在梯度凝胶电泳中，凝胶的分子筛效应极为重要。Sater等人用13种已知分子量的蛋白进行梯度凝胶电泳，结果表明，有12种蛋白质的迁移率与其分子量的对数成线性关系，进一步说明用PG-PAGE测定蛋白质分子量的可靠性。欲测未知蛋白质分子量，可粗略估计分子量范围，选择适宜浓度范围的梯度凝胶。若分子量在50 000~2 000 000之间，用4%~30%PG凝胶；分子量在100 000~5 000 000之间，选用2%~16%PG凝胶及一组相应分子量标准蛋白。将标准分子量蛋白质与未知样品同时电泳，染色后，根据标准蛋白质的相对迁移率与其分子量的对数作图(标准曲线)，即可从未知样品相对迁移率查出其分子量。PG-PAGE与-的其他类型PACE比较有下列优点：

(1)由于梯度凝胶孔径的不连续性，可使样品中各组分充分浓缩，即使样品很稀，在电泳过程中,分二、三次加样,也可由于分子量大小不同,最终均滞留于其相应的凝胶孔径中而分离。

(2)可提供更清晰的蛋白质区带,用于蛋白质纯度的鉴定。

(3)可在一个凝胶板上同时测定数个分子量相差很大的蛋白质。例如用 4% ~ 30% PG – PAGE 可分辨分子量为 50 000 ~ 2 000 000 之间的各种蛋白质。

(4)可直接测定天然状态蛋白质分子量,不被解离为亚基。因此,本方法可作为 SDS – PAGE 测定蛋白质分子量的补充。

尽管本方法有上述优点,但主要适用于测定球状蛋白质分子量,对纤维状蛋白分子量的测定误差较大。另外,由于分子量测定仅仅是在未知蛋白质和标准蛋白质达到了被限定的凝胶孔径时(即完全被阻止迁移时)才成立,电泳时要求足够高的电压(一般不低于 2000V),否则将得不到预期的效果。因此,采用 PG – PAGE 测定蛋白质分子量有一定的局限性,需用其他方法进一步验证。

(三)聚丙烯酰胺凝胶等电聚焦电泳原理

聚丙烯酰胺凝胶等电聚焦电泳是带电的两性电解质在 pH 梯度凝胶中的电泳。蛋白质是两性电解质,当 pH > PI 时带负电荷,在电场作用下向正极移动;当 pH < pI 时带正电荷,在电场作用下向负极移动;当 pH: pI 时净电荷为零,在电场作用下既不向正极也不向负极移动,此时的 pH 就是该蛋白质的等电点(PI)。各种蛋白质由不同种类的 L – α – 氨基酸以不同的比例组成,因而有不同的 pI,这是其固有的物理化学常数。利用各种蛋白质等电点不同,以 PAA 为电泳支持物,并在其中加入两性电解质载体(carderampholytes),在电场作用下,蛋白质在 pH 梯度凝胶中泳动,当迁移至其 pI 的 pH 处,则不再泳动,而浓缩成狭窄的区带,这种分离蛋白质的方法称为聚丙烯酰胺等电聚焦电泳(Ioselectric Focusing – PAGE,简称 1EF – PAGE)。一般形成 pH 梯度有 2 种方法:①人工 pH 梯度。这是在电场存在下,用两个不同 pH 的缓冲液互相扩散平衡,在其混合区间即形成 pH 梯度,但这种 pH 梯度受缓冲液离子电迁移和扩散的影响,因而 pH 很不稳定,常见于制备柱电泳;②"自然"pH 梯度,是利用一系列两性电解质载体在电场作用下,按各自 pI 形成从阳极到阴极逐渐增加的平滑和连续的 pH 梯度。此 pH 梯度进程取决于各种两性电解质的 PI、浓度和缓冲性质。在防止对流的情况下,只要有电流存在就可保持稳定的 pH 梯度,因为此时由于扩散和电移动所引起物质移动处于动态平衡。在此 pH 梯度中,各种蛋白质迁移到各自的 pI 处,而得到分离。如被分离蛋白质的 pI 为 6;当其位于酸性 pH 梯度 A 位时,它将带正电荷,在电场作用下向负极移动;当其位于碱性 pH 梯度 B 位时,它将带负电荷,在电场作用下向正极移动。由此可见,该蛋白质在"自然"pH 梯度中,无论处于何种位置均向其等电点移动,并停留在该处。pH 梯度的形成是 IEF 的关键。理想的两性电解质载体应具备下列条件:

(1)易溶于水,在 pI 处应有足够的缓冲能力,形成稳定的 pH 梯度,不致被蛋白质或其他两性电解质改变 pH 梯度。

(2)在 pI 处应有良好的电导及相同的电导系数,以保持均匀的电场。

(3)分子量小,可通过透析或分子筛法除去,便于与生物大分子分开。

(4)化学性能稳定,与被分离物不起化学反应,也无变性作用,其化学组成不同于蛋白质。

1966 年, O. Vesterberg 利用多烯多胺(如五乙烯六胺)和不饱和酸(如丙烯酸), 在80℃产生双键的加成反应, 合成出一系列脂肪族多氨基多羧酸的混合物, 其反应式如下:

$$R_1-N^+H_2(CH_2)_2-N^+H_2-R_2 + CH_2=CH-COO^-$$

$$R_1-N^+H_2-(CH_2)_2-N^+H-R_2$$
$$\qquad\qquad\qquad\qquad\quad | $$
$$\qquad\qquad\qquad\qquad CH_2-CH_2-COO^-$$

反应式中的 R_1、R_2 可以是氢或带有氨基的脂肪墓。加成反应首先发生在 α, β 不饱和酸的 β 碳原子上, 调节胺和酸的比例, 则可得到氨基与羧基不同比例的一系列脂肪族多氨基多羧酸的同系物和异构物, 它们在 pH 3~10 范围内, 具有不同又十分接近的 pK 和 pI 值。这是因为两性电解质载体的 pI 将在大多数羧基 pK 值(约 pH 3)和大多数碱性氨基 pK 值(约 pH10)之间。多乙烯多胺链越长, 则仲胺对伯胺比增加, 加成的方式也就越多, 形成的同系物和异构物也越多越复杂, 才能保证它们有很多不同而又互相接近的 pK 和 pI 值, 因而在电场作用下, 可形成平滑而连续的 pH 梯度, 如图 2-9 所示。Vesterberg 合成的两性电解质载体分子量在 300~1000, 在波长 280nm 光吸收值极低, 具有足够的缓冲能力以及良好的电导, 可形成稳定的 pH 梯度。

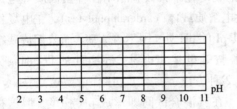

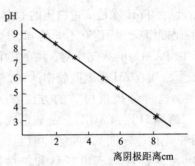

图 2-9　pH 梯度示意图　　　　图 2-10　标准蛋白质迁移距离与 pH 关系图

　　两性电解质载体商品由于生产厂家不同, 合成方式各异而有不同的商品名称, 如 Ampholine(LKB 公司), 国内生产的均称为两性电解质载体。一般溶液浓度为 40% 或 20%, 其 pH 范围分别为 2.5~5, 4~6.5, 5~9, 6.5~9, 8~10.5, 3~10 等。因此, IEF-PAGE 分离蛋白质并测定 pI 时可先选用 pI 3~10 的两性电解质载体及同一范围的标准 pI 蛋白, 将其与未知样品同时电泳, 固定染色后, 就可以 pH 值为纵轴, 距阴极迁移距离 (cm)为横轴作出 pH 梯度标准曲线(图 2-10), 根据染色后未知蛋白质迁移距离则可推知其 pI。为进一步精确测定未知物的批, 还可选择较窄范围的两性电解质进行电泳, 以提高辨率得到更准确的 PI。如实验时, 无标准 pI 蛋白质作标定依据, 则电泳后立即用表面微电极每隔 0.5 cm 直接测定胶板的 pH, 制作 pH 梯度曲线, 染色后根据迁移距离推知某种蛋白质的 pI。

　　影响等电聚焦电泳的因素:

　　(1)支持介质因素: 当用 PAA 或琼脂糖作为稳定介质时, 有时最后测得 pH 梯度常与两性电解质载体标明的 pH 范围有差别, 这可能与电内渗有关。因此 IEF 必须使用无电内渗的高纯度的稳定介质。在 IEF – PAGE 中, 丙烯酰胺纯度极为重要。由于介质不纯, 常引起 pH 梯度阴极漂移, 商品 Acr 经重结晶及未重结晶对 pH 梯度的影响一般约 1/3 pH 单位, 因而影响分离效果及 pI 值测定。在 IEF – PAGE 中, 凝胶只是一种抗对流支持介质, 并无分子筛作用, 因此凝胶浓度的选择只要形成的孔径有利于样品分子移动就行, 一般用 5% 或 7% 均可。

(2)两性电解质载体因素: 两性电解质载体是 IEF – PAGE 中最关键的试剂, 它直接影响 pH 梯度的形成及蛋白质的聚焦。因此, 要选用优质两性电解质载体, 在凝胶中, 其终浓度一般为 1% ~2%。国内生产的两性电解质载体色黄, 导电性略差, 但只要控制凝胶中终浓度不超过 2%, 电泳时电压不要太高, 仍可用于分析等电聚焦。为提高分辨率可适当延长电泳时间。

pH 梯度的线性依赖于两性电解质的性质, 选择哪种 pH 梯度范围的两性电解质载体, 则与被分离蛋白质的 pI 有关。

(3)电极溶液因素: 应选择在电极上不产生易挥发物的液体作为电极缓冲液, 阴、阳电极溶液的作用是避免样品及两性电解质载体在阴极还原或在阳极氧化, 其 pH 值应比形成 pH 梯度的阴极略高, 比阳极略低。值得指出的是, 不同厂家合成两性电解质方法不同, 应根据说明书选用有关电极溶液。

(4)样品的预处理及加样方法因素: 实验证实盐离子可干扰 pH 梯度形成并使区带扭曲。为防止上述影响, 进行 IEF – PAGE 时, 样品应透析或用 SephadexG – 25 脱盐, 也可将样品溶解在水或低盐缓冲液使其充分溶解, 以免不溶小颗粒引起拖尾。但某些蛋白质在等电点附近或水溶液及低盐溶液中, 溶解度较低, 则可在样品中加入两性电解质, 如加入 1% 甘氨酸或将样品溶解在含有 2% 两性电解质载体中。

加样量则取决于样品中蛋白质的种类、数目以及检测方法的灵敏度。如用考马斯亮蓝 R 染色, 加样量可为 50 ~150 μg; 如用银染色, 加样量可减少到 1 μg。一般样品浓度以 0.5 ~3 mg/mL 为宜, 最适加样体积为 10 – 30 μL。如样品很浓, 可直接在凝胶表面加 25 μL; 如样品很稀, 可加样 30 μL。将其放在一特制的塑料小框中或用一小块泡沫塑料及高质量的纸或擦镜纸吸取样品放在凝胶表面。由于 IEF—PAGF, 是按蛋白质的水分离, 电泳后各种蛋白质被浓缩并停留在其 pI 处。因此样品可加在凝胶表面任何位置。既可将样品放在中间, 也可放在整个凝胶板中。电泳后均可得到同样的结果。值得指出的是: 对不稳定的样品, 可先将凝胶进行 15 ~30 分钟预电泳, 使 pH 梯度形成, 然后将样品放在靠近 pI 的位置以缩短电泳的时间, 但不要将样品正好加在 pI 处和紧靠阳极、阴极的胶面上, 以免引起蛋白质变性造成条带扭曲。一般加样电泳半小时后。取出加样滤纸以免引起拖尾现象。

(5)功率、时间、温度等因素: 功率是电流与电压的乘积。在 IEF 电泳中, 随着样品的迁移越接近 pI 时, 电流则越来越小。为使各组分能更好地分离, 要保持一定的功率, 就应不断增加电压, 电压增高可缩短 pH 梯度形成和蛋白质分离所需的时间。但过高的电压会使凝胶板局部范围由于低传导性和高阻抗而过热、烧坏, 为此, 在电泳过程中, 应通冷却水, 水温以 4℃ ~10℃ 为宜, 流量 5 ~10 L/min。避免使用过低的温度, 以免冷凝水滴形成。超薄板(0.5 mm) IPE 分辨率高就是因为易冷却。

IEF – PAGE 时间与功率取决于多种因素, 如聚丙烯酰胺的质量、AP 和 TEMED 用量、胶板厚薄、两性电解质载体的导电性和 pH 范围。窄 pH 范围电泳时间比宽 pH 范围时间长，这是因为在窄 pH 范围蛋白质迁移接近 pI，带电荷少，故迁移慢。为了提高分辨率，就要增加电压，缩短电泳时间，防止生物活性丧失。对未知样品可进行不同电压、时间的电泳实验，此时可将有色蛋白（如血红蛋白）作为标志，将其放在不同位置。当聚焦带迁移到同一位置时，说明已达到稳态，一般宽 pH 范围电泳时间以 1.5 ~ 2 小时为宜。

IFE – PAGE 操作简单，只要有一般电泳设备就可进行，电泳时间短，分辨率高，应用范围广，可用于分离蛋白质及测定 pI，也可用于临床某些疾病的鉴别诊断以及农业、食品研究、动物分类等各种领域。随着其他技术的不断改进，等电聚焦电泳也不断充实完善，从柱电泳发展到垂直板，又进而发展到超薄型水平板等，还可与其他技术或 SDS – PAGE 结合，进一步提高灵敏度与分辨率。

（四）聚丙烯酰胺凝胶双向电泳原理

双向 PAGE 电泳是由两种类型的 PAGE 组合而成。样品经第一向电泳分离后，再以垂直它的方向进行第二向电泳。如这二向电泳体系 pH 及凝胶浓度完全相同，则电泳后样品中不同组分的斑点基本上呈对角线分布，对提高分辨率作用不大。1975 年，P. H. 0'Farrell 等人根据不同生物分子间等电点及分子量不同的特点，建立了以第一向为 IEF – PAGE，第二向为 SDS – PAGE 的双向分离技术，简称为 IEF/SDS – PAGE；或者第一向为 IEF – PAGE，第二向为 PG – PAGE，简称为 IEF/PG – PAGE。进而又发展为微型 IEF/PG – PAGE。它们的基本原理与 IEF – PAGE，SDS – PAGE 及 PG – PAGE 完全相同，只是操作方法与单向电泳完全不同。

1. IEF/SDS – PAGE

这种双向电泳首先利用样品中不同组分 pI 差异，进行 IEF – PAGE 第一向分离，然后纵向切割再以垂直于第一向的方向进行第二向 SDS – PAGE，从而使不同分子量的蛋白质进一步分离，这是两种不同的电泳体系。为保证第二向 SDS – PAGE 能顺利进行，在第一向 IEF 电泳系统中，必须加入高浓度尿素及非离子去污剂 NP – 40。在样品溶解液中，除含有上述试剂外还需加入一定量的二硫苏糖醇（dithiothreitol，简称 DTT）。由于上述三种试剂本身不带电荷，因此不影响样品原有的电荷及 pI 值，其主要作用是破坏蛋白质分子内的二硫键，使蛋白质变性及肽链舒展，有利于蛋白质分子电泳后能在温和的条件下与 SDS 充分结合形成 SDS – 蛋白质复合物。一般第一向 IEF – PAGE 是在凝胶柱或平板中进行；而第二向 SDS – PAGE 为垂直板型。由于凝胶柱直径大于第二向凝胶厚度，因此，第一向电泳后凝胶柱需修切，以适应第二向凝胶板厚度，一般将圆柱纵切两半，一半用于染色及测定 pI，另一半用于第二向 SDS – PAGE。如第一向为平板状凝胶，则与电泳同方向纵切成窄条，再进行第二向电泳。由于：这两向电泳体系组成成分及 pH 值不同，因此第一向电泳后应将窄条状胶片放在第二向电泳缓冲液中振荡平衡约 30 分钟，其目的是驱除第一向凝胶体系中的尿素、NIX – 40 及两性电解质载体，使第二向缓冲体系中的 β – 巯基乙醇及 SDS 进入凝胶，β – 巯基乙醇可使蛋白质内的二硫键保持还原状态，更有利于 SDS 与蛋白质结合形成 SDS – 蛋白质复合物。经平衡后的胶条进行下行电泳，则将其横放在已制好的 SDS 垂直凝胶板的上部长、短玻璃板间的缝隙内，然后再用浓缩胶或用缓冲液配制的 1% 热琼脂糖加在玻板上方开口处。待聚合或凝固后，即将胶条封闭固定。如为上行电泳，则将凝胶条横放在凝胶模两块玻璃板的缝隙下端，然后分别加入浓缩胶及分离胶。待凝胶聚合后，加入电极缓冲液即可进行电泳。恒流 30 mA，4℃下电泳 4~5 小时，当溴酚蓝将至凝胶板下方边缘时，停止电泳。因此，进行第二向 SDS-PAGE 时，样品的处理与加样方式与单向 SDS-PAGE 完全不同。

IEF/SDS-PAGE 染色，pI 及分子量测定与 IEF-PAGE，SDS-PAGE 单向电泳完全相同。

目前，已有上万种蛋白质组分采用 IEF/SDS-PAGE 得到很好的分离，其高度分辨率是各种类型单向 PAGE 及其他双向 PAGE 所无法比拟的。因此，IEF/SDS-PAGE 双向电泳已成为当前分子生物学领域内常用的实验技术，可广泛用于生物大分子如蛋白质、核酸酶解片段及核糖体蛋白质的分离和精细分析。随着该技术的不断改进与发展，其应用范围将更加广泛。

然而，此技术对某些碱性蛋白质的分离却有其局限性，因在第一向 IEF-PAGE 电泳体系中，含有高浓度的尿素，它的存在会使碱性区的 pH 梯度变得很窄而且不稳定，可使碱性蛋白质难以进入凝胶中或者易泳出凝胶外。因此，对碱性蛋白质的分离分析应采用其他方法。

2. IEF/PG-PAGE

这种电泳第一向为 IEF-PAGE，第二向为 PG-PAGE。其分离原理与单向 IEF-PAGE 及 PG-PAGE 相同，主要是利用蛋白质 pI 差异及凝胶孔径逐渐变小的分子筛效应，以相互垂直的双向电泳来提高分辨率。在第一向电泳中，蛋白质电荷密度高则迁移快，反之则慢。在第二向电泳中，由于蛋白质分子量大小不同，在孔径梯度凝胶中，分子量愈大，迁移愈慢。当其迁移率受到凝胶孔径阻力大到停止前进时，低电荷密度蛋白质组分将赶上与其大小相似高电荷密度的蛋白质组分，因此，第二向蛋白质组分的迁移主要取决于分子大小与凝胶的分子筛效应。特别应指出的是，在 IEF-PAGE 第一向缓冲体系及样品溶解液中，不含尿素、非离子去污剂 NP-40、二硫苏糖醇等蛋白质变性剂，因此蛋白质样品保持了原有的天然构象及生物活性。由于第一向无蛋白变性剂，电泳后凝胶柱（条）不需经过第二向电泳缓冲液振荡平衡，只需纵向切割就可横放在已聚合的孔径梯度凝胶胶面上，经封闭固定，即可进行第二向 PG-PAGE，存在于第一向凝胶中的两性电解质载体在第二向电泳过程中很快消失，从而使凝胶条内的环境与第二向电极缓冲液保持一致。

在 IEF/PG-PAGE 的基础上，又发展了一种微型 IEF/PG-PAGE 双向电泳，第一向 IEF-PAGE 是在内径为 1.3 mm、长度 42 mm 的毛细管中制胶与电泳，第二向是在 50mm × 38 mm 的微型胶板上进行电泳。其原理与 IEF/PG-PAGE 完全相同。微型 IEF/PG-PAGE 与 IEF/SDS-PAGE 比较，有以下三个特点：①微量，快速。样品体积仅需 1~2 μl，相当于 50~150 μg 蛋白质，电泳时间从一般的十几到几十小时缩短为 3 小时左右即可完成；②样品损耗小，因省略了第一向电泳与第二向电泳之间凝胶条的平衡步骤，存在于凝胶条中的蛋白质组分不会损耗；③保持了蛋白质天然构象与活性，在这两向电泳体系中，不含蛋白变性剂，因而有利于蛋白质活性检测。

目前，微型 IEF/PG-PAGE 双向电泳在医学、生物化学、分子遗传学等各领域应用较为广泛。国内已有厂家生产微型双向电泳装置。

七、蛋白质、核酸及酶的染色方法

经醋酸纤维薄膜、琼脂(糖)，聚丙烯酰胺凝胶电泳分离的各种生物分子需用染色法使其在支持物相应位置上显示出谱带，从而检测其纯度、含量及生物活性。蛋白质，糖蛋白、脂蛋白、核酸及酶等均有不同的染色方法，现分别介绍如下。

（一）蛋白质染色

染色液种类繁多，各种染色液染色原理不同，灵敏度各异，使用时可根据需要加以选择。常用的染色液有：

1. 氨基黑 10B（amino black l0B，又称为 amidoschwarz l0B 或 naphthalene blue black，2B200）

氨基黑 10B 分子式为 $C_{22}Hl_3N_6S_3Na_3$，MW = 715，$\lambda_{max} = 620 \sim 630$ nm，是酸性染料，其磺酸基与蛋白质反应构成复合盐，是最常用的蛋白质染料之一，但对 SDS—蛋白质染色效果不好。另外，氨基黑 10B 染不同蛋白质时，着色度不等、色调不一（有蓝、黑、棕等）；作同一凝胶柱的扫描时，误差较大。需要对各种蛋白质作出本身的蛋白质—染料量（吸收值）的标准曲线，更有利于定量测定。

氨基黑钠盐

2. 考马斯亮蓝 R_{250}（coomassie brilliant blue R_{250}，简称 CBB R_{250} 或 PAGE blue83）

考马斯亮蓝 R_{250} 的分子式为 $C_{14}H_3O_7H_3S_2Na$，MW = 824，$\lambda_{max} = 560 \sim 590$ nm。染色灵敏度比氨基黑高 5 倍。该染料是通过范德瓦尔键与蛋白质结合，尤其适用于 SDS 电泳微量蛋白质染色，但蛋白质浓度超过一定范围时，刘'高浓度蛋白质染色不合乎 Beer 定律，作定量分析时要注意这点。

考马斯亮蓝 R_{250}

3. 考马斯亮蓝 C_{250}（简称 CBB C_{250} 或 PAGE blue C_{90}，又名 xylene brilliant cyanin G）

考马斯亮蓝 C_{250} 比 CBB R_{250} 多两个甲基。MW = 854，$\lambda_{max} = 590 \sim 610$ nm。染色灵敏度不如 R_{250}），但比氨基黑高 3 倍。其优点是在三氯乙酸中不溶而成胶体，能选择地使蛋白质染色而几乎无本底色，所以常用于需要重复性好和稳定的染色，适于作定量分析。

但是，两种 CBB 染色法是有缺点的。由于 CBB 用乙酸脱色时很易从蛋白质上洗脱下来，且不同蛋白质洗脱程度不同，因而影响光吸收扫描定量的结果。对于浓的蛋白质带，如染色时间不够,由于带的两边着色较深而造成人为的双带。在用 CBB 染色时,均有酸与醇固定蛋白质,但一些碱性蛋白质(如核糖核酸酶与鱼精蛋白)及低分子量的蛋白质、组蛋白、激素等不能用酸或醇固定,相反它们还会从凝胶中洗脱下来,因而一些新的染色方法相继问世。

对于某些蛋白质、小肽与激素不能用酸或醇固定,则可将电泳后的凝胶放在含 0.11% CBB R_{250} 的 25% 乙醇及 6% 甲醛溶液中浸泡 1 小时,这样甲醛就将氨基酸的氨基与 PAGE 的氨基之间形成亚甲基桥,从而把肽与凝胶连接在一起。对于含 SDS 的凝胶,可在含 3.5% 甲醛的染色液中染色 3 小时,脱色则需在 3.5% 甲醇及 25% 乙醇的溶液中过夜即可。

4. 固绿(fast green, FG)

固绿分子式为 $C_{37}H_{31}N_2O_{10}S_3Na_2$,MW = 808,$\lambda_{max} = 625$ nm,酸性染料,染色灵敏度不如 CBB,近似于氨基黑,但却可克服 CBB 在脱色时易溶解出来的缺点。

5. 荧光染料

(1)丹磺酰氯(2,5 – 二甲氨基萘磺酰氯 dansyl chloride, 简称 DNS – C1):在碱性条件下与氨基酸、肽、蛋白质的末端氨基发生反应,使它们获得荧光性质,可在波长 320nm 或 280nm 的紫外灯下,观察染色后的各区带或斑点。蛋白质与肽经丹磺酰化后并不影响电泳迁移率,因此,少量丹磺酰化的样品还可用作五色蛋白质分离的标记物。而且,丹磺酰化不阻止蛋白质的水解,分离后从凝胶上洗脱下来的丹磺酰化的蛋白质仍可进行肽的分析,不受蛋白酶干扰。在 SDS 存在下,也可用本法染色,将蛋白质溶解在含 10% SDS 的 0.1mol/L Tris – HCl – 乙酸盐缓冲液(pH 8.2)中,加入丙酮溶解的 10% 丹磺酰氯溶液,并用石蜡密封试管,50℃ 水浴保温 15 分钟,再加入 β – 巯基乙醇(mercaptoethanol, 简称 β – ME),使过量的丹磺酰氯溶解,这种混合物不经纯化就可电泳。

(2)荧光胺(fluorescamine, 又称 fluram):其作用与丹磺酰氯相似,由于自身及分解产物均不显示荧光,因此染色后也没有荧光背景。但由于引进了负电荷,因而引起了电泳迁移率的改变,但在 SDS 存在下这种电荷效应可忽略。荧光胺也用于双向电泳的蛋白染色。

荧光胺

6. 银染色法

银染色法是 R. C. Switzer 和 C. R. Me mL 首先提出的,它较 CBB R_{250} 灵敏 100 倍。但染色机制尚不清楚,可能与摄影过程中 Ag^+ 的还原相似。据文献报道其灵敏度高,牛血清为 4×10^{-5} $\mu g/mm^2$,即清蛋白为 8×10^{-5} $\mu g/mm^2$,因此也常用于凝胶电泳的蛋白质染色。

(二)糖蛋白染色

1. 过碘酸 – Schiff 试剂染色

将凝胶放在 2.5 g 过碘酸钠、86 mL 水、10 mL 冰乙酸、2.5 mL 浓 HCl、1 g 三氯乙酸的混合液中,轻轻振荡过夜。接着用 10 mL 冰乙酸、1 g 三氯乙酸、90 mL 水的混合液漂洗 8

h，其目的是使蛋白质固定。再用 Schiff 试剂染色 16 小时，最后用 1 g KHSO$_4$、20 mL 浓 HCl、980 mL 水的混合液漂洗 2 次，共 2 小时。操作是在 4℃进行，可在 543 nm 处作微量光密度扫描，也可接着用氨基黑复染。

2. 阿尔山蓝(alcianblue)剂染色

凝胶在 12.5% 三氯醋酸中固定 30 分钟，用蒸馏水漂洗。放入 1% 过碘酸溶液(用 3% 乙酸配制)中氧化 50 分钟，用蒸馏水反复洗涤数次以去除多余的过碘酸钠，再放入 0.5% 偏重亚硫酸钾中，还原剩余的过碘酸钠 30 分钟，接着用蒸馏水洗涤。最后浸泡在 0.5% 阿尔山蓝(用 3% 乙酸配制)染 4 小时。

（三）脂蛋白染色

1. 油红 O(oil red 染色)

将凝胶先置于平皿中，用 5% 乙酸固定 20 分钟，用清水漂洗吹干后，再用油红 O 应用液染色 18 小时，在乙醇：水 = 5：3 中浸洗 5 分钟，最后用蒸馏水洗去底色。必要时可用氨基黑复染，以证明是脂蛋白区带。

2. 苏丹黑 B(sudan black B)

将乙酰苏丹黑 B 2 g 加吡啶 60 mL 和醋酸酐 40 mL 混合，放置过夜。再加 3000 mL 蒸馏水，乙酰苏丹黑即析出。抽滤后再溶于丙酮中，将丙酮蒸发，剩下粉状物即乙酰苏丹黑。将乙酰苏丹黑溶于无水乙醇中，使成饱和溶液。用前过滤，按样品总体积 1/10 量加入乙酰苏丹黑饱和液将脂蛋白预染后进行电泳。此染色适用于琼脂糖电泳及 PAGE 脂蛋白的预染。

3. 亚硫酸品红染色法

亚硫酸品红染色法常用于醋酸纤维薄膜脂蛋白电泳染色，其反应如下：

$$R-CH=CH-R' + O_3 \longrightarrow R-\underset{\underset{O}{|}}{C}H-O-\underset{\underset{O}{|}}{C}H-R'$$

臭氧化合物

$$R-\underset{\underset{O}{|}}{C}H-O-\underset{\underset{O}{|}}{C}H-R' + H_2O \longrightarrow R-CHO + R'-CHO + H_2O_2$$

品红

Schiff 试剂

$$H_2^+N--\underset{\underset{SO_3H}{|}}{C}(--NH_2SO_2H)_2 Cl^- + R-CHO \longrightarrow$$

$$\longrightarrow H_2^+N==C(--NHSO_2CH\underset{R}{\overset{OH}{|}})_2 Cl^-$$

紫红色化合物

在此过程中，血清脂蛋白中的不饱和脂肪酸经臭氧氧化后，双键打开，产生醛类物质，再用亚硫酸品红染色，则生成紫红色脂蛋白染色带。

（四）核酸的染色

核酸染色法一般可将凝胶先用三氯乙酸、甲酸－乙酸混合液、氯化高汞、乙酸、乙酸镧等固定，或者将有关染料与上述溶液配在一起，同时固定与染色。有的染色液可同时染DNA及RNA，如stains－all、溴乙锭荧光染料等，也有RNA，DNA各自特殊的染色法。

1. RNA 染色法

（1）焦宁Y（pyronine Y）：此染料对RNA染色效果好，灵敏度高。TMV－RNA在2.5% PAAG，直径为0.5 cm的凝胶柱中检出的灵敏度为$0.3 \sim 0.5/\mu g$；若选择更合适的PAAG浓度，检出灵敏度可提高到0.01 μg；脱色后凝胶本底颜色浅而RNA色带稳定，抗光且不易褪色。此染料最适浓度为0.5%。低于0.5%则RNA色带较浅；高于0.5%也并不能增加对RNA染色效果。此外，焦定G（pyronine G）也可用于RNA染色。

（2）甲苯胺蓝O（toluidine blue O）：其最适浓度为0.7%，染色效果较焦宁Y稍差些，因凝胶本底脱色不完全，较浅的RNA色带不易检出。

（3）次甲基蓝（methylene blue）：染色效果不如焦宁Y和甲苯胺蓝0，检出灵敏度较差，一般在5 μg以上；染色后RNA条带宽，且不稳定，时间长，易褪色。但次甲基蓝易得到，溶解性能好，所以较常用。

（4）吖啶橙（acridine orange）：染色效果不太理想，本底颜色深，不易脱掉；与焦宁Y相比，RNA色带较浅，甚至有些带检不出。但却是常用的染料，因为它能区别单链或双链核酸（DNA，RNA），对双链核酸显绿色荧光（530nm），对单链核酸显红色荧光（640nm）。

5. 荧光染料溴乙锭（ethidiumbro mide，简称EB）

可用于观察琼脂糖电泳中的RNA、DNA带。EB能插入核酸分子中碱基对之间，导致EB与核酸结合。超螺旋DNA与EB结合能力小于双链闭环DNA，而双链闭环DNA与EB结合能力又小于线性DNA，可在紫外分析灯（253nm）下观察荧光。如将已染色的凝胶浸泡在1 mmol/L $MgSO_4$溶液中1小时，可以降低未结合的EB引起的背景荧光，对检测极少量的DNA有利。EB染料具有下列优点：操作简单，凝胶可用1～0.5 μg/mL的EB染色，染色时间取决于凝胶浓度，低于1%琼脂糖的凝胶，染15分钟即可。多余的EB不干扰在紫外灯下检测荧光；染色后不会使核酸断裂，而其他染料做不到这点，因此可将染料直

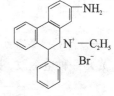

溴乙锭

接加到核酸样品中，以便随时用紫外灯追踪检查；灵敏度高，对lng RNA、DNA均可显色。EB染料是一种强烈的诱变剂，操作时应注意防护，应戴上聚乙烯手套。

2. DNA 染色法

DNA染色除了用EB染色方法外，还有以下几种方法：

（1）甲基绿（methyl green）：一般将0.25%甲基绿溶于0.2 mol/L pH 4.1的乙酸缓冲液中，用氯仿抽提至无紫色，将含DNA的凝胶浸入，室温下染色1小时即可显色，此法适用于测天然DNA。

（2）二苯胺（diphenylamine）：DNA中的α－脱氧核糖在酸性环境中与二苯胺试剂染色1小时，再在沸水浴中加热10分钟即可显示蓝色区带。此法可区别DNA和RNA。

（3）Feulgen染色：用此法染色前，应将凝胶用1 mol/L HCl固定，然后用Schiff试剂在室温下染色，这是组织化学中鉴定DNA的方法。

此外还可以用甲烯蓝、哌咯宁 B 等一些其他染料染色，或用2%焦宁 Y -1%乙酸镧 -15%乙酸的混合溶液浸泡含 DNA 的凝胶，染色过夜。RNA、DNA 的染色法详见表2－7。

表2－7 核酸的染色法

染色法	染色对象	固定与染色方法	脱色
Feulgen	DNA	1 mol/L 冷 HCl 中浸 30 min,1 mol/L 60℃ HCl 中浸 12 min Schiff 试剂中染 1 h(室温)	
甲基绿	天然 DNA	0.25%甲基绿溶于 0.2 mol/L 乙配盐缓冲液(pH4.1)中,再用氯仿反复抽提至无紫色,染 1 h(室温)	
梧花青－铬钡 Gollocyanine-chrome alum	核酸(磷酸根)	15%乙酸、1%乙酸镧中固定,0.3%梧花青水液和等体积 5%铬矾混合液(pH1.6)中染过夜	15%乙酸
二苯胺 Diphenylamine	区分 DNA 和 RNA	1%二苯胺—10%硫酸 10:1(V/V)染 1 h,再沸水中 10 min	
焦宁 Y pyronine Y	RNA	0.5%焦宁 Y 溶于乙酸－甲醇－水(1:1:8V/V)和 1%乙酸镧的混合液中染 16 h(室温)	乙酸－甲醇－水 0.5:1:8.5
次甲基蓝 methylene blue	RNA	1 mol/L 乙酸中固定 10~15 min, 2%次甲基蓝溶于 1 mol/L 乙酸中,染 2~4 h(室温)	1 mol/L 乙酸
吖啶橙 acridine orange	RNA	1%吖啶橙溶于 15%乙酸和 2%乙酸镧混合液中染 4 h(室温)	7%乙酸
甲苯胺蓝 O Toluidine blue O	RNA	0.05%甲苯胺蓝溶于 15%乙酸中,染 1~2 h	7.5%乙酸

第二节 分光光度法

一、概述

(一)光的基本性质

光是一种电磁波，按波长或频率排列，可得到电磁波，参见图2－11。

区 域	波长常用单位	原子或分子的跃迁能级
γ 射线	$10^{-2} \sim 1.0$Å	核
x 射线	$1.0 \sim 100$Å	内层电子
远紫外	10~200nm	中层电子
紫 外	200~400nm	外层价电子
可 见	400~760nm	外层价电子
红 外	0.76~50μm	分子振动与转动
远红外	50~1000μm	分子振动与转动
微 波	0.1~100cm	分子转动
无线电波	1~1000m	核磁共振

0.1A 1A 200nm 400nm 800nm 500μm 1cm 1m
γ | x | 紫外 | 可见 | 红外 | 微波 | 无线电波

图2－11 电磁波输入图示

光有两相性，即波动性和粒子性，波动性就是指光按波的形式传播。

光的波长、频率、速度，有下列关系式：

$$\lambda\nu = c \qquad \nu = c/\lambda$$

λ 以 cm 为单位，ν 以赫 Hz 为单位，c 以 cm/s 为单位，光速在真空中等于 3×10^{10}m/s，（30 万 km/s）光同时又具有粒子性，它由"光微粒子"组成，这种微粒具有能量，能量与频率成正比，

$$E = h\nu$$

E 为光量子的能量，单位是尔格（erg），h 是普朗克常数，等于：6.6256×10^{-27}erg·s，

$$\because \ \lambda\nu = c \qquad \therefore \ E = h\nu = hc/\lambda$$

从这个式子可以计算任何波长光的能量。

（二）吸收光谱的产生

吸收光谱有原子吸收光谱和分子吸收光谱，而分子吸收光谱的产生是由于分子的能量具有量子化的特征。

分子所具有的能阶：一个分子有一系列能阶，包括许多电子能阶，分子振动能阶及分子转动能阶。

下面是双原子分子（如 H^2）三种能阶示意图（图 2 – 12）。

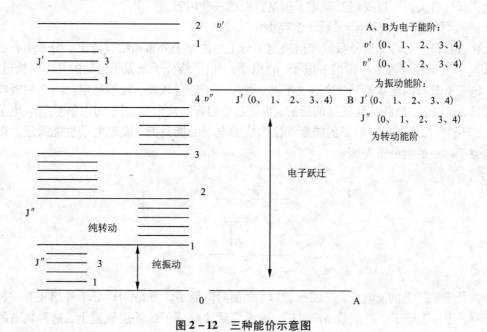

图 2 – 12　三种能价示意图

三种能阶，每一个能阶都具有一定的能量 E，两种能阶的能量用 ΔE 表示，当分子由低能阶跃迁到高能阶时，它必须要吸收这两个能阶的能量差 ΔE。

因为光量子具有能量：$E = h\nu = h\nu/\lambda$。

而电子也具有波动性和粒子性，所以电子跃迁所需要的能量也可以用同样的式子表示：$E = h\nu = h\nu/\lambda$。

所以光子可以作为能源。当物质分子吸收光子的能量以后就会使分子的电子能级发生

跃迁。因为在同一个电子能级中有几个振动能级，而在同一振动能级中又有几个转动能级，所以当电子能级发生跃迁时，又不可以避免地伴随着分子振动能级和转动能级的跃迁。

这三种能阶的跃迁所吸收的光能不同，经过科学测定，分子转动能阶的跃迁所吸收的光的波长为 50 μm ~ 12.5 cm，属于远红外区范围，它所形成的吸收光谱称转动光谱。

分子振动能阶的跃迁所吸收的光的波长为 1.25 ~ 50 μm，相当于红外区范围，常称为振动光谱或红外光谱。电子跃迁所吸收的能量，相当于波长 60 ~ 1250 nm，主要在可见紫外区范围，所形成的光谱常称为电子光谱或可见紫外光谱。

吸收光谱。什么是吸收光谱呢？当白光通过有颜色的玻璃时，透过的光线和玻璃的颜色相同。将白光射向紫红色的高锰酸钾溶液，则蓝、绿、黄、橙颜色被吸收了，而只透过了红紫色的光线，这些现象说明物质对光的吸收是有选择性的，特定的物质能吸收一定波长范围的光。凡被物质吸收了的那部分光线就称吸收光谱。

通过以上的论述，我们可以得到下面的概念：

光子可以作为能源，被物质吸收，从而使物质分子能阶发生变迁，而某些光子的能量被物质吸收以后，就形成吸收光谱。于是吸收光谱就和能阶跃迁就统一起来了。

因为在生化实验中，用得最多的是可见紫外吸收光谱，而可见紫外吸收光谱又与物质的电子跃迁有关。所以我们要着重了解这方面的一些内容。

（三）可见紫外吸收与电子跃迁的类型

化合物分子的可见紫外吸收光谱决定于分子中的原子分布和结合情况。分子中有成键的 σ 电子及 π 电子和未成键的 ρ 电子(η)电子)，电子绕分子或原子运动的几率叫轨道。

电子所具有的能量不同，轨道也不同。外层电子能量较高，较不稳定。当它们吸收一定能量 ΔE 以后，就跃迁到较高的能阶，也就是它们容易被激发。同一层的电子，ρ 电子比 s 电子容易被激发。成键电子的能量常比未成键电子的能量低，成键电子也能跃迁。以两个氢原子形成的氢分子为例：

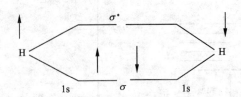

两个氢原子上的 s 电子，形成 σ 键以后，能阶降低了。可是，H_2 分子外层还有一种能阶存在，当口上电子吸收能量 ΔE 以后，被激发到这种分子的外层轨道上，这种轨道的能阶比成键的 σ 轨道高，也比未成键电子在原子中的能阶高，这种轨道称反键轨道，用※标记，σ^* 轨道叫 σ 反键轨道。分子中外层电子的跃迁方式与键的性能有关，也就是与化合物的结构有关，下面介绍电子跃迁的类型。

（1）σ—σ^* 跃迁：饱和烃—C—C 分子中只有能阶较低的 σ 电子跃迁后属于 $\sigma \rightarrow \sigma^*$ 跃迁，它需要的能量较高，吸收远紫外区的能量。如甲烷吸收波长 125 nm，乙烷在 135 nm，饱和烃的最大吸收峰一般小于 150 nm。

（2）π—π^* 跃迁：如不饱和化合物—C＝C—的双键上有 π 电子，吸收能量后，跃迁到

π※上形成 π—π* 跃迁，所吸收的能量比 σ—σ* 跃迁小，吸收峰大都在近紫外区，在200mn左右。

（3）η→π* 跃迁：或 ρ→π* 跃迁，如果有杂原子的化合物—C＝O，—C＝N 等。在杂原子 O，N 上有未共用的 ρ(η)电子，此种电子基本上保持成键前的原有能阶，吸收能量后跃迁到 π* 轨道，形成 η→π* 跃迁。这种跃迁所需要的能量较小，近紫外区的光能就可以产生激发。如丙酮的吸收，除 π—π* 跃迁外，还有 280 nm 左右的 η→π* 跃迁，等等。

以上是介绍单个化学键上的电子跃迁，而分子是复杂的，他连有许多基团，形成很多键。如果化合物中含有双键的数目越多，吸收峰就向长波方向移动，而且吸收强度也增大。特别是共轭双键(＞C＝C—C＝＜)结构，有特殊的吸收带，所以，像蛋白质中的酪氨酸有苯环结构，色氨酸有吲哚结构，核酸中有嘌呤，嘧啶结构，因此，蛋白质，核酸都可以用紫外吸收来进行定量测定。

（四）吸收曲线

吸收光谱可用吸收光谱图来表示，吸收光谱图过去是用照相法将透过的光谱照在底片上，使底片感光，然后从底片上有明暗的谱线，可以看出哪些是波长的光，因为被吸收而没有透过或透过得比较少。

目前更方便的方法就是用分光光度计测定。使用分光光度计可以按程序把每一个波长的光照射到物质上，测得它被吸收的程度(用 A 表示)。然后将不同的波长，由短波到长波作横坐标，与

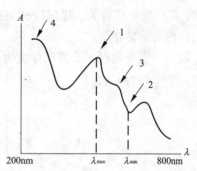

图 2－13　物质 200～800nm 光吸收图

波长相对应的 A 值作纵坐标、作图，就得到比照相法更简明的吸收光谱图，图 2－13 是物质 200～800 nm 光吸收图。

用一种带波长自动扫描，并带有记录仪的分光光度计，可以自动扫描吸收光谱图。这种吸收光谱图就称为吸收曲线。

从图 2－13 可以看出它的一些特征：

（1）曲线的峰称为吸收峰，最大吸收峰所对应的波长称最大吸收波长(λ_{max})。

（2）曲线的谷所对应的波长称最低吸收波长(λ_{min})。

（3）在峰旁边的一个小的曲折称肩峰。

（4）在吸收曲线的波长最短的一端，吸收相当大，但不成峰形的部分，称末端吸收。

（5）有些物质因为特殊的分子结构，有时往往出现几个吸收峰。

吸收曲线在 λ_{max} 处是电子能阶跃迁时所吸收的特征波长，不同物质有不同的最大吸收峰，有些物质没有最大吸收峰，光谱上的 λ_{max}、λ_{min}、肩峰以及整个吸收光谱的形状是物质的性质决定的，其特征随物质结构而异，所以是物质决定的依据。

二、光吸收的基本规律

（一）朗伯－比尔定律

当一束平行单色光照射到任何均匀的溶液时，光的一部分就被吸收，一部分就透过溶液，一部分就被器皿的表面反射，如果入射光的强度为 I_0，吸收光的强度为 I_a，透过光的强

度为 I_t，反射光的强度为 Ir，则：

$$I_0 = I_a + I_t + I_r$$

因为在测定时，都是采用同样质料的比色杯，反射光的强度基本，上是不变的，其影响可以相互抵消，于是上式可简化为：

$$I_0 = I_a + I_t$$

并且，我们把透光强度 I_t 与入射光强度 I_0 之比称为透光度（T）或透光率（T），即 $T = I_t/I_0$。乘以 100%，称百分透光率，$T = I_t/I_0 \times 100\%$

溶液的透光度愈大，说明对光的吸收愈少；相反，透光度愈少，则溶液对光的吸收愈大。

实验证明，溶液对光的吸收程度，与溶液的浓度、液层的厚度以及入射光的波长等因素有关，如果保持入射光的波长不变，即只让一种光照射溶液，则光吸收的程度与溶液的浓度、液层的厚度有关。描述这种关系的是两个定律，称朗伯特定律和比尔定律。

1. 朗伯特定律

假设一束光通过一个液层厚度为 L 的溶液，入射光强度为 I_0，透射光强度为 I_L，我们把液层厚度等分为 L 层。

当光线通过第一层后，假设其强度减弱到原来的 $1/n(n>1)$。那么在第一层末，光线强度为 $I_1 = I_0/n$，再通过第二层后，其强度又以同样的下降率减弱到 I 的 $1/n$，所以 $I_2 = I_1/n = I_0/n^2$。同样，当光线透过第三层后，它的强度为：$I_3 = I_0/n^3$，依次类推，光线通过全部厚度 L 后，透过光线强度为 $I_L = I_0/n^L$。

即 $I_L = I_0/n^L$

取对数 $\lg (I_0 I^L) = L\lg n$

这里 n 与物质的性质有关，表明特定物质在某一浓度下对光的吸收性能，因此对同一浓度和同样的入射光，n 为一常数，所以 $\lg n$ 也为一常数，用 k 表示，而 $\lg(I_0/I_L)$ 表示光被吸收的程度，用 A 表示，称吸光度。

$$A = kL$$

上式就是朗伯特定律，表示物质浓度一定时，光密度与吸收层厚度成正比。

2. 比尔定律

又因为溶液吸收光能的情况与溶液所含能吸收某种入射光的分子数目有关，因此，增加浓液的浓度也就相当于增加溶液的厚度，因此，同样可以推导出溶液浓度与吸光度的关系式：

$$\lg(I_0/I_L) = C\lg m$$

C 为溶液的浓度，$\lg m$ 为常数，与溶液的性质有关，用 k' 表示，而 $\lg(I_0/I_L)$ 同朗伯特定律，用 A 表示。

$$\therefore A = k'C$$

上式为比尔定律，表示溶液吸收层厚度一定时，在一定浓度范围内，吸光度与溶液的浓度成正比。

如果同时考虑到光吸收与溶液的厚度和浓度的关系，就把郎伯特定律和比尔定律合并，称朗伯-比尔定律，即：

$$A = kLC$$

说明当光线通过溶液时，其被吸收的程度与吸收层厚度及物质的浓度的乘积称正比。式中 k 被称为吸光系数，相当于单位浓度的物质及吸收层厚度为单位长度时的吸光度。若浓度 C 为 $1\ mol/L$，吸收层厚度 L 为 $1\ cm$，则 k 称为摩尔吸光度，用 ε_λ 表示，不同的化合物 ε_λ 不同。因为一般分光光度计都把吸光被做成 $1\ cm$ 厚，所以，把朗伯-比尔定律简化为：

$$A = \varepsilon_\lambda C$$

三、分光光度计的构造和类型

分光光度计虽然型号很多，但仪器的基本结构相似，都是由光源，单色光器，狭缝，比色杯(吸收杯)，检测器和指示器等主要部件组成的(图 2-14)。

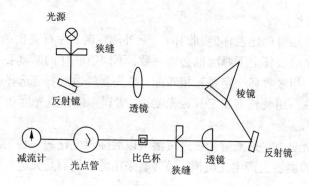

图 2-14　简单的分光光度仪光路结构示意图

（一）分光光度计的主要部件

1. 光源

（1）钨灯：钨灯能发射 350～2 500 nm 波长范围的连续光谱，最适宜的使用范围是 360～1 000 nm，它是可见分光光度计的光源。

（2）氢灯或氘灯：它们能发射 150～400 nm 波长的连续光谱，它们是紫外分光光度计的光源，由于玻璃能吸收紫外线，灯泡必须由石英材料制成。

2. 单色光器

单色光器又称色散元件，单色光器是把复合光按波长长短顺序分散成为单色光的装置，这个过程称为光的色散，色散以后的单色光经反射、聚光，通过狭缝到达溶液，常用单色器是棱镜和光栅。

（1）棱镜：棱镜由玻璃或石英材料制成，当光从空气射入棱镜时，其传播速度即改变，波长短的光在玻璃中传播速度比波长长的慢，而光又是斜着射入玻璃的，其传播方向也改变，改变的方向用折射率来表示。光的波长不同，产生的折射率也不同，于是棱镜就可以将混合光所含的各种波长的光分散成一个由红到紫的连续光谱，玻璃棱镜色散能力大，分辨本领强，但由于玻璃吸收紫外线，只能用在可见光范围，紫外区的光必须用石英棱镜色散。

(2)光栅：光栅是另一种常用的色散元件，它由玻璃材料制成，在玻璃表面上每英寸内刻有一定数量等宽，等间距的平行条痕，一般每英寸刻 15 000 条，有透射光栅和反射光栅两种。当复合光通过条痕或从条痕反射以后就出现各级明暗条纹而形成光栅的各级衍射光谱。由于光的波长不同，各波长光的位置也不同，于是得到由紫到红各谱线间距离相等的连续光谱。

(3)狭缝：从图 2-14 可以看到两个狭缝，一个是入射狭缝，一个是出射狭缝，入射狭缝是将入射光源经过狭缝以后，使光线成为一细长条照射到棱镜上使之色散，出射狭缝使色散后的光经出射狭缝分出某一波长的光射到比色杯上去，而别的光就被不反光的内壁吸收，掉了。狭缝越小，通过的光谱带越窄，色光越纯；但狭缝越小，光的能量也越小，所以狭缝能直接影响单色光的纯度和能量，也影响单色光器的分辨率。

出射狭缝的宽度一般是 0~2 nm，一般我们选择狭缝的宽度大约是样品吸收峰的半宽度的 1/10。

3.比色杯(吸收杯)

可见光测定时，用玻璃比色杯(吸收杯)。紫外测定时，用石英比色杯，杯的内部空间厚度要准确，同一个吸收杯上下厚度也必须一致，不同吸收杯的厚度要一致。在定量测定工作中，所使用的一组吸收杯一定要互相匹配，事先要经过选择，选择的方法是要将吸收杯或同一种溶液，在所用波长下测定其透光度，二者误差应在透光度 0.2%~0.5% 以内。

4.检测器

检测器又称受光器，它是测量光线透过溶液以后强弱变化的一种装置。一般利用光电效应使光线照射在检测器上产生光电流，最普遍采用的检测器是光电管或光电倍增管。

5.指示器

常用的有电表指示器，图表记录器及数字显示器三种。

(二)分光光度计的类型

利用上述各部件，可设计成单光束分光光度计及双光束分光光度计，也可以设计成双波长分光光度计。

1.单光束分光光度计

可见—紫外分光光度计有可见光及紫外光两种光源，既可作可见光测定也可作紫外光测定，常简称紫外分光光度计。单光束分光光度计，顾名思义，它只发射一束单色光，照射到吸收杯上，光路示意图如前面介绍的相似。

2.双光束分光光度计

这种可见紫外分光光度计以上海产的 730 型为例，光路结构示意图如下(图 2-15)：

这种分光光度计用钨灯或氘灯作光源，由反光镜系统及光栅等元件得到一束单色光，然后由扇面镜使光线交替地落到两个凹面镜上，一道光经过参比杯溶液，另一道光经过样品溶液，最后由另一块同步旋转的扇面镜将两道光交替地落到光电倍增管上，产生电流，放大后在指示器或记录器上读出吸光值。

以上介绍了简单型的和 730 型的分光光度计，它们有一个共同点是：都是用一个波长的光，所以都属于单波长分光光度计。但它们的光束不同，一个是单光束，一个是双光束。

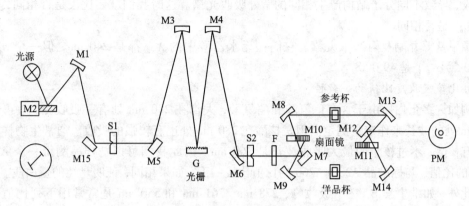

图 2 – 15　730 型分光光度计光路结构示意图

单光束的分光光度仪测定溶液时，先把光束对准空白比色杯，通过电流调节，调节它们的吸光值为零，再推动比色杯架把光束对准样品溶液，这时测得的吸光值就表示样品的吸光程度。

而双光束分光光度计，光路结构基本上与单光束分光光度计相同，不同的地方是在样品室前面设置了一个对称式的双光路系统。这个系统有两个同步旋转的扇面镜，也称光束劈裂器。光束劈裂器使单色器出射的单色光，一半时间通过样品杯，另一半时间通过参比杯。然后再按时间先后，使两束光分别射向光电倍增管，再利用电子系统，把来自两者的信号重新组合，并从样品信号减去参比信号。由于参比信号在测定前已调到吸光值为零，所以得到的吸光值就表示样品的吸收程度。

正因为双光束分光光度计可以让相同的单色光同时透过参考溶液和样品溶液，并立即得到样品的吸光度值。所以，只要加上一个波长转动装置和一台记录仪，就可以得到样品在一段波长范围内的吸收曲线。根据吸收曲线，我们可以找出物质的最大吸收波长，便于定性和定量测定。

而单光束分光光度计要测吸收曲线就相当麻烦，要在每一个波长处，测一下空白，再测一下样品，才得到一个吸光度值，连接各波长处的吸光值才能得到吸收曲线。

四、定性定量方法及其应用

（一）定性方法

物质的定性就是对物质作鉴定分析。用可见紫外吸收光谱作物质鉴定时，主要根据光谱上的一些特征吸收，包括最大吸收波长，最小吸收波长、肩峰、吸收系数、吸收度比值（如A280/A260）等。特别是最大吸收波长 λ_{max}，及吸收系数 λ_{max}。是鉴定物质的主要物理常数。

1. 比较光谱的一致性

两个化合物若是相同，其吸收曲线应完全一致。在鉴定时，样品和标准样品用相同溶剂配成相同的浓度，再分别测定吸收曲线，比较吸收曲线是否一致即可。

2. 比较最大吸收波长及吸收系数的一致性

紫外吸收光谱形状相同，两种化合物有时不一定相同，因为紫外吸收光谱常常只有2~3较宽的吸收峰。而具有相同基团的不同分子结构，有时在较大分子中不影响基团的紫外吸收，导致不同分子结构产生相同的紫外吸收光谱。这时我们就要比较是否相同，还要比较 ε_{max} 是否相同。

像甲基睾丸酮及丙酸睾丸素，它们在无水乙醇中的 λ_{max} 都是 240 nm，但一个 ε_{max} 是 54 000，另一个是 49 000。

3. 比较吸收度比值的一致性

例如许多蛋白质由于含有色氨酸和酪氨酸，大都在 280 nm 处有一吸收峰，故可以用 280 mn 处的波长来作定量测定。但是核酸在 280 nm 处也有较强的吸收。通常生物样品中常混有核酸，不过核酸的最大吸收波长是 260 nm。因此我们可以把样品测得一个 A280/A260 的比值，与标准品 A280/A260 的比值比较一下，如果相同，证明是纯的蛋白质。

此外，如维生素 B_{12} 三个吸收峰，278 nm、361 nm 和 550 nm 是常常用下列比值进行鉴别。

$$\varepsilon_{361}{}^{1\%}/\varepsilon_{278}{}^{1\%} = 1.62 \sim 1.88 \qquad \varepsilon_{361}{}^{1\%}/\varepsilon_{550}{}^{1\%} = 2.82 \sim 3.45$$

(二)化合物中杂质的检查

1. 纯度检查

如果一个化合物在光谱的可见区没有明显的吸收峰，而它的杂质有较强的吸收峰，那么含有少量杂质就能检查出来，如乙醇中的杂质苯，当已知苯的 λ_{max} 为 256 nm，而乙醇在 256 nm 处无吸收，于是当你怀疑乙醇纯不纯，是否混有苯，测一下 256 nm 处有否吸光值就可以了。

2. 杂质限量检查

我们在临床用药，对杂质有一定的限度。例如肾上腺素在合成过程中有一定的中间体肾上腺酮，当它还原成肾上腺素时，反应不够完全而带入产品中，成为肾上腺素的杂质，这种杂质必须在某一限量以下，否则就影响药物的疗效。

已知肾上腺酮在 1/20 N HCl 溶液中与肾上腺素在 1/20 N HCl 溶液中的紫外吸收曲线有显著不同。

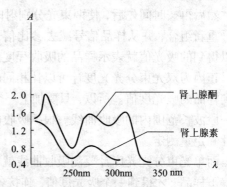

图 2－16　肾上腺素酮检测

已知肾上腺酮在 310 nm 处有一吸收峰，而肾上腺素在该处没有吸收，因此我们可以测定 1/20 N HCl 溶液在 310 mn 处的吸收值，检查肾上腺酮的混入量(图 2－16)。这个量在药典中是有规定的。一般在 2 mg/mL 的浓度的肾上腺素液，以 1 cm 比色杯测定，A 值不超过 0.05。

(三)定量测定

1. 单一物质定量

如果某溶液中只含有一种化合物，但不知道它的最大吸收波长，我们可以先扫描它的吸收曲线，然后在 λ_{max} 处进行测定。

定量的方法有标准曲线法和对照法，标准曲线法是用已知的标准物质，配成几个不同的浓度溶液，在乙波长下测得它的一系列对应的 A 值，以浓度为横坐标，A 值为纵坐标作图，应该得到一根直线。然后测定样品的 A 值，再从图上找它所对应的浓度。

对照法是将样品溶液与标准溶液在乙。处测得 A 值, 进行比较, 可直接求得样品的含量。

$$A_样/A_标 = C_样/C_标 \qquad C_样 : C_标 = A_样/A_标$$

2. 混合物定量

当两种组分混合物的吸收光谱重叠时, 我们可根据吸收度加和性的原则, 可分别求出两种组分的浓度。如图 2-17, 已知 a、b 两组分的吸收曲线我们可以在 λ_1 和 λ_2 处分别测定 a, b 混合物的吸光值 $A_{\lambda 1}^{a+b}$ 和 $A_{\lambda 2}^{a+b}$

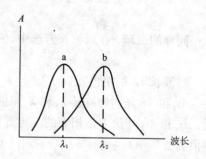

然后可列方程如下:

$$A_{\lambda 1}^{a+b} = A_{\lambda 1}^a + A_{\lambda 1}^b = \varepsilon_{\lambda 1}^a \times C^a + \varepsilon_{\lambda 1}^b \times C^b$$

$$A_{\lambda 2}^{a+b} = A_{\lambda 1}^a + A_{\lambda 2}^b = \varepsilon_{\lambda 2}^a \times C^a + \varepsilon_{\lambda 2}^b \times C^b$$

图 2-17　混合物的吸光值曲线

其中 $\varepsilon_a \lambda 2$, $\varepsilon_{\lambda 2}^a$, $\varepsilon_a \lambda 1$, $\varepsilon_{\lambda 1}^b$ 可用标准物质求得, 所以只要解上面的二元一次方程, 就求得 C^a 和 C^b。

五、双波长分光光度度计及其测定方法

1951 年, Chance 为研究细胞色素的氧化过程, 采用了双波长分光光度法, 随着电子技术的发展。20 世纪 60 年代末开始有双波长分光光度计的生产, 70 年代, 双波长方法应用非常广泛。

（一）双波长分光光度计

双波长分光光度计在 70 年代后应用非常广泛, 它在光路结构上做了许多改进（图 2-18）, 使其更适用于生物检测。

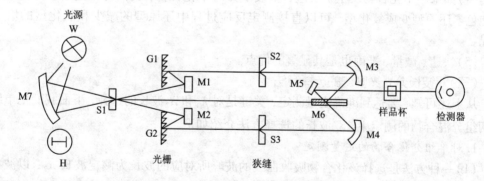

图 2-18　双波长分光光度计光路结构示意图

双波长分光光度计的关键结构是有一套双单色器系统, 它将一光源发出的入射光线分成两束, 然后各自分别通过两个可以自由转动的衍射光栅 C_1 和 C_2, 因此可得到不同波长的两束单色光 λ_1 和 λ_2。当两束光经过一个切光器, 以一定的时间间隔交替照射到样品杯上, 就由光电检测器得到两种的强度信号差, 最后转换成吸收值的差。于是由指示器或记录仪记录出数据。

（二）双波长分光光度法的定量测定原理及优越性

1. 双波长分光光度的定量测定原理

在单波长中，在某一波长下，物质的吸光度按朗伯、比尔定律有：

$$A = \varepsilon CI$$

同样的道理，在双波长方法中，吸光物质对波长 λ_1 的单色光有

$$A\lambda_1 = \varepsilon_{\lambda 1} CL + As_l$$

对波长 12 的单色光，有 $A\lambda_2 = \varepsilon_{\lambda 2} CL + As_2$

As_1 和 As_2 分别为波长 λ_1 和 λ_2 照射样品以后产生的光散射或背景吸收。假如两波长靠近，As_1 和 As_2 可认为是相等的。因此，当 λ_1、λ_2 两单色光交替照射同一样品以后，吸收度差值为 $\Delta A = A\lambda_1 - A\lambda_2 = (\varepsilon_{\lambda 2} - \varepsilon_{\lambda 1}) CL$，$L$ 我们规定用 $1cm$ 厚的比色杯。$\varepsilon_{\lambda 2} - \varepsilon_{\lambda 1}$ 是一个常数，用 k 表示，$\Delta A = kC$。

这个公式就和单波长方法中的一样，说明样品在两波长 λ_1 和 λ_2 处的吸收差值是符合朗伯 – 比尔定律的，这就是双波长分光光度仪定量测定的原理。

2. 双波长分光光度法的优点

（1）不用参比杯，只用一个样品杯，而且两单色光通过样品的同一位置，这就消除了在单波长方法中由于吸光杯的差异，样品溶液与参比溶液之间的差别等因素引起的误差，提高了测定的精确度。

（2）当溶液中有两种物质共存时，甚至它们的吸收曲线相重叠时，只要选择适当的两个波 λ_1 和 λ_2，用双波长法测定，就能将干扰组分的影响消除。

（3）对混浊样品和高浓度样品，由于双波长方法是测定两波长的吸收差值，因此，只要选择适当的 λ_1 和 λ_2，也能消除影响，直接进行测定。

（4）如果一个化合物发生了反应，生成了另一个化合物，我们可以记录反应过程，如细胞色素还原型变成氧化型，可以直接测定反应过程中还原型的减少和氧化型的增加的情况。

（5）快速、微量、准确也是其显著的优点。

（三）双波长分光光度法的选择方法

从上述可知，要达到准确定量测定，关键是对 λ_1 和 λ_2 波长的选择，下面我们把单组分及两组分混合物的测定中，双波长的选择方法介绍如下。

1. 对单组分化合物的定量测定

（1）一种方法是选择该化合物吸收曲线的波峰所对应的波长为测定波长 λ_2，以波谷所对应的波长为 λ_1，得到 ΔA 值以后，我们可以用标准物质进行比较、定量，方法和前面一样。$\because \Delta A_样/\Delta A_标 = C_样/C_标$ $\therefore C_样 = C_标 \times \Delta A_样/\Delta A_标$（图 2 – 19）。

（2）先测一组不同浓度样品的吸收曲线，如有等吸收点，则选等吸收点的波长为 λ_1，吸收曲线波峰为 λ_2，这样就消除了有些溶液随浓度变化、吸收起点变化的影响（图 2 – 20）。

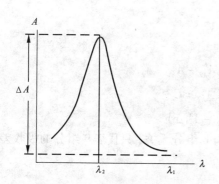

图 2-19　对单组分化合物的定量测定-Ⅰ

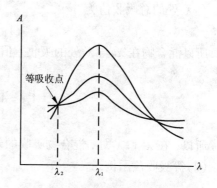

图 2-20　对单组分化合物的定量测定-Ⅱ

（3）加显色剂的有色络合物，可以选择络合物的最大吸收波长为 λ_2，选择显色剂的最大吸收波长为 λ_1。

2. 对两组混合物的定量测定

当两组混合物中两组分的吸收曲线重叠时，可以通过 L_1、L_2 的选择。将其中的一组分的干扰排除，直接对某一组分进行定量测定。

对 λ_1、λ_2 的选择，我们介绍等吸收法的几个例子供大家参考，该法通过作图来确定 λ_1、λ_2。

（1）等吸收法示例一

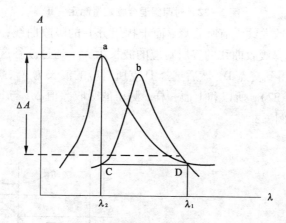

图 2-21　对两组混合物定量测定-Ⅰ

已知 a、b 两组分的吸收曲线如图 2-21 所示，b 是干扰组分，我们要在 b 组分存在时，如何测定 a 呢？

先选择 a 的最大吸收峰的 λ_{max} 为 λ_2，然后从峰顶向波长轴作垂线，交 b 组分吸收曲线得到一个交点 C，再从 C 点作波长轴的平行线交 b 组分吸收曲线得另一交点 D，选择 D 点所对应的波长为 λ_1。这样，可以发现 b 组分在 λ_1 和 λ_2 处有相等的吸收值，即 $A^b_{\lambda1} = A^b_{\lambda2}$。

根据混合物吸收度加和性的原则，在 λ_2 处的总吸收值为：

$$A_{总\lambda2} = A^a_{\lambda2} + A^b_{\lambda2}$$

在 λ_1 处的总吸收值为

$$A_{总\lambda1} = A_{\lambda1}^a + A_{\lambda1}^b$$

所以混合物在 λ_2 与 λ_1 处的吸收差值为：

$$A_{总\lambda2} - A_{总\lambda1} = A_{\lambda2}^a + A_{\lambda2}^b - A_{\lambda1}^a - A_{\lambda1}^b$$

$$\because A_{\lambda2}^b = A_{\lambda1}^b \quad 即 \quad A_{\lambda2}^b - A_{\lambda1}^b = C$$

$$\therefore A_{总\lambda2} - A_{总\lambda1} = A_{\lambda2}^a - A_{\lambda1}^a \Delta A$$

所以，在 λ_1 和 λ_2 处，混合物吸收的差值 ΔA 与 b 组分无关，只代表 9 组分的吸收差值。

（2）等吸收法示例二

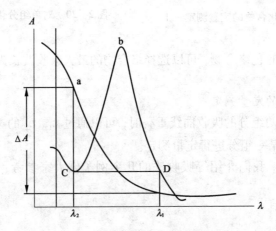

图 2 – 22　对两组混合物定量测定 – Ⅱ

测定组分 a 的吸收曲线没有吸收峰，而干扰组分 b 的吸收曲线，有吸收峰，也有吸收谷存在。这时我们选择吸收曲线的谷所对应的波长为 λ_2，通过波谷这一点，作波长轴的平行线交吸收曲线 b，得到交点 D，然后选择 D 点所对应的波长为 λ_1，这样 b 组分在 λ_1、λ_2 处吸收值相等（图 2 – 22），所以和上面一样，测得的吸收差值 ΔA 与 b 组分无关。

（3）等吸收法示例三：

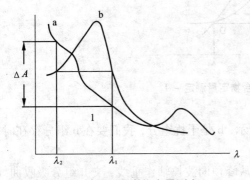

图 2 – 23　对两组混合物定量测定 – Ⅲ

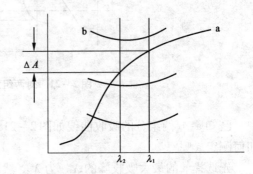

图 2 – 24　对两组混合物测定 – Ⅳ

a 是测定组分的吸收光谱，b 是干扰组分，从图 2 – 23 可见 a、b 组分的吸收点很好选择，只要选择 λ_1、λ_2 能满足 a 组分有足够的吸收差值就可以了。

　　如图 2 – 24 所示，如果干扰组分的吸收带很宽，但是测定组分的吸收曲线还比较陡，这时 λ_1 和 λ_2 如何选择呢？这时，只要选择 b 组分的吸收曲线上比较平坦的地方的两点作 λ_1、λ_2，而 a 组分在这两点有一定的吸收差值就可以满足要求了。

　　以上是对波长的选择方法举了一些例子，用于两组分混合物的测定，这些例子都是在干扰组分存在等吸收点的情况下进行选择的。假如干扰组分不存在等吸收点呢？这时就要利用仪器上的系数倍增器来选择 λ_1、λ_2 进行测定，系数倍增器是双波长分光光度计的一种附件，用这种附件还可以对三组混合物进行测定。

第三节　超离心技术

　　超离心技术是 20 世纪 40 年代发展起来的一门新技术。超离心机也是目前国内外科学研究所、高等院校拥有的常规仪器，在生物学医学领域运用广泛。

一、概述

(一)离心机的种类

1. 普通离心机

普通离心机这是一种常见的离心机，转速最高可达到 8 000 r/min。这种离心机一般用来分离比较大的颗粒。

2. 高速离心机

高速离心机转速 10 000 ~ 20 000 r/min。这种离心机常用来分离细胞碎片大的亚细胞结构植物叶绿体等，在农业上用得比较多。

3. 超速离心机

超速离心机转速在 25 000 r/min 以上，目前的产品已经突破 90 000 r/min。

(二)超离心机的构造

第一部分是高速旋转系统，包括电动机、齿轮箱、转动轴、对电动机的风冷和水冷设备。

第二部分是真空系统，包括真空泵、油扩散泵，真空度可达 0.01 mmHg。

第三部分是冷冻系统，有类似冰箱的冷冻压缩机，可达 – 10%。

第四部分是转头室和转头。转头室是由装甲钢板制成的一个筒，内装转头，转头放在转轴上。转头一般由抗拉伸的金属钛制成，所分离的溶液由塑料管装着放入转头中，密封好，以防泄漏。转头系列有角转头、水平转头和垂直转头等。

第五部分是自动控制系统，有各种按钮和表盘，如速度、温度、真空度、时间、转速显示等表盘，如 power、start、stop、加速、减速等按钮，此外还有故障显示灯等。

(三)超离心机的应用

1. 超离心机的主要用途

(1)可使分子状态的胶体颗粒(1 ~ 100 nm)进行分离，因此，可以收集比较纯的大分子物质，供研究它们的大小、形状、含量、性质等用。

(2)可以测定生物大分子的沉降系和分子量，鉴定蛋白质等大分子的均一性。

2．超离心机的应用举例

（1）1958 年，Meselson 和 Stam 用超离心法结合核素标记方法验证了 DNA 半保留复制假说。

（2）用超离心原理发现新的病毒抗原物质。

3．超离心机在临床诊断上的应用

（1）血清蛋白质的测定：血清蛋白质通过超离心分离后，可出现四个蛋白峰，分别命名为 M 峰、G 峰、A 峰和 X 峰，这些峰的沉降系数为：M 峰 16～18S，G 峰 7S，A 峰 4.5S，X 峰 2.3S。在正常的生理情况下，这些蛋白峰含量相对稳定，平均 A 最多占 84%，C 占 11%，M 占 2%，X 占 3%。测定血清蛋白总量后，就可由此百分含量计算出每一个峰的绝对量。

而在某些疾病情况下，血清蛋白质的成分和含量都有所改变，因此，超离心分析所产生的图像也有所不同，表 2 - 8 列出了某些疾病在四种蛋白峰的比较：

表 2 - 8   某些疾病在四种蛋白峰的比较

疾病	A	G	M	X	
正常生理情况	84%	11%	2%	3%	
急性传染性肝炎	74.0%	17.5%	2.7%	58%	
肝硬化	57.0%	37.8%	5.2%	0%	
淀粉性肾变	39.3%	42.1%	91%	60%	LDL 3.5%
脂肪性肾变	13.0%	16.4%	16.6%	48.8%	5.2%
多发性骨髓瘤	38.0%	582%	0.8%	3.53.5%	
低 r 球蛋白血症	86.0%	10.0%	3.0%	1.0%	
巨球蛋白症	46.5%	22.0%	39.7%	1.8%	

（2）血清脂蛋白的测定：1951 年以来，Gofman 等分离提纯了高密度脂蛋白（HDL），再进一步超离心分离 HDL，可得到上浮系数（与沉降系数意义相同，只是让脂蛋白颗粒从离心管底向上浮上来）3S～400S 的脂蛋白谱。进一步将 HDL 超离心分离，可得到三种 HDL，命名为低密度脂蛋白（LDL）、低密度脂蛋白胆固醇（HDI-c）、HDL，其中以 HDL-c 含量较高，HDL 含量较少。表 2 - 9 是 Gofman 等学者对美国一些居民血清脂蛋白超离心分析的结果。

表 2 - 9   美国一些居民血清脂蛋白超离心分析结果

性别	年龄	例数	LDL（mg/100 mL）				HDL（mg/100 mL）		
			100 - 400S	20 - 100S	12 - 20S	0 - 12S	HDL_1	HDL_2	HDL_3
男性	17 - 19	585	37	75	40	322	23	37	217
	30 - 39	834	51	91	57	355	24	36	219
	40 - 49	399	66	107	57	380	25	37	226
	50 - 65	143	58	103	56	383	27	42	224

续表 2 - 9

性别	年龄	例数	LDL(mg/100 mL)				HDL(mg/100 mL)		
			100 ~ 400S	20 ~ 100S	12 ~ 20S	0 ~ 12S	HDL_1	HDL_2	HDL_3
女性	17 ~ 19	190	9	44	30	283	21	80	228
	30 ~ 39	99	13	51	41	324	22	81	235
	40 ~ 49	37	37	65	42	346	23	89	241
	50 ~ 65	10	10	77	93	437	25	25	270

从表 2 - 9 可以看出，所有的脂蛋白均随年龄的增加而增加，男性 LDL 高于女性，而 HDL 低于女性。在不同的代谢情况及不同疾病情况下，脂蛋白的各种成分的含量有所改变，通过这些检查，可以对某些疾病进行诊断或辅助诊断，表 2 - 10 ~ 12 列出了某些疾病的血清脂蛋白水平。

表 2 - 10　原发性高脂血症血清脂蛋白水平

	LDL(mg/100 mL)9 例平均值				LDL(mg/100 mL)5 例平均值		
	100 ~ 400S	20 ~ 100 S	12 ~ 20 S	0 ~ 12 S	HDL_1	HDL_2	HDL_3
疾病组	967	450	66	229	80	54	144
对照组	83	109	68	364	20	80	196
P 值	<0.01	=0.01	不显著	<0.01	<0.01	不显著	不显著

表 2 - 11　黄色素瘤患者血清脂蛋白水平

	LDL(mg/100 mL)18 例平均值				LDL(mg/100 mL)9 例平均值		
	100 ~ 400S	20 ~ 100 S	12 ~ 20 S	0 ~ 12 S	HDL_1	HDL_2	HDL_3
疾病组	36	128	150	793	26	15	150
对照组	56	92	65	336	17	88	193
P 值	=0.01	=0.01	<0.01	<0.01	=0.01	<0.01	<0.01

表 2 - 12　慢性胆道梗阻患者血清脂蛋

	LDL(mg/100 mL)6 例平均值				LDL(mg/100 mL)5 例平均值		
	100 ~ 400S	20 ~ 100 S	12 ~ 20 S	0 ~ 12 S	HDL_1	HDL_2	HDL_3
疾病组	49	1265	1053	910	8	1	17
对照组	39	70	70	340	15	101	196
P 值	不显著	<0.01	<0.01	<0.01	不显著	<0.01	<0.01

（四）超离心分离的原理

胶体范围内的颗粒（1 ~ 100 nm）在自然条件下是不可能沉降的，但是在超速离心中都能使这些颗粒，如病毒颗粒、蛋白质大分子进行沉降。超速离心为什么能达到这个目的呢？考查超离心力场对颗粒所起的作用，就可以得到明确的答案。

1. 离心力场对颗粒所施加的力及相对离心加速度（RCF）

在离心力场中，离心加速度 c 可由转头的角速度 ω 和颗粒离旋转轴中心的辐射距离 x 按下式计算：

$$c = \omega^2 x$$

因转头旋转一周等于 2π 弧度，转头每分钟转数用 r/min 表示，所以转头角速度则为

$$\omega = \frac{2\pi}{60} \quad (\text{rad/s})$$

所以

$$G = \frac{4\pi^2}{3600} \cdot x$$

离心加速度 G 常用相对离心加速度（RCF），即重力加速度 g（980 cm/s²）的倍数表示：

$$RCF = \frac{4\pi^2 x}{3600 \times 980}$$

例：若线速度为 60 000 r/min，沉降颗粒距转轴中心距离 6 cm，求得

$$RCF = \frac{(2\pi \times 600000)^2 \times 6}{3600 \times 980} = \frac{23.7 \times 10^7}{980} = 24 \times 10^4 \ (\times g)$$

即在此情况下产生的离心力是重力的 24 万倍，有这样大的离心力，就可以使胶体颗粒范围（1～100 mn）内的各种微粒（病毒、蛋白质大分子等）在数小时或数十小时内沉降下来，而在自然条件下依靠本身重力沉降是不可能的，即使放数十年也依然如故。这就是超离心机能使生物大分子、细胞、亚细胞粒子沉降的原理。

一般文献介绍某种颗粒沉降时都提供 RCF（多少个 g）和离心时间，操作者可根据 RCF 和所用转头半径查得转数、转头半径和 RCF 的相关表，以便决定离心的转速。也可由公式计算：$C = 1.1 \times 10^{-5} n^2 R$（n 代表转数，R 代表转头半径（cln））。

2. 沉降颗粒的分子量大小和离心转速的关系

在离心力场中，蛋白质等大分子颗粒发生沉降时，它将受到三种力的作用：

$$F_c (\text{离心力}) = m_p \, \overline{\omega}^2 x$$

$$F_b (\text{浮力}) = V\rho \, \overline{\omega}^2 x = m_p \, \bar{v}\rho \, \overline{\omega}^2 x$$

$$F_f (\text{摩擦力}) = fv = f\frac{dx}{dt}$$

这里，m_p 表示颗粒的质量；ω 是转头的角速度，以每 rad/s 表示；x 是分子颗粒离旋转中心的距离，以 cm 表示 $\omega^2 x$ 是离心加速度；V 是分子颗粒的体积；P 是溶剂的密度；$\bar{v}$ 是蛋白质的偏微比容，偏微比容的定义是：当加入 1 g 干物质于无限大体积的溶剂中时溶液体积增量。蛋白质的 $\bar{v}$ 等于其干燥状态密度的倒数，大多数蛋白质的 $\bar{v}$ 近似于 $0.75 \ cm^3/g$，mv 相当于颗粒的体积。$V\rho$ 或 $m_p \, \bar{v}\rho$ 是被分子颗粒排开的溶剂质量，f 是摩擦系数；v 是沉降速度，即 $\frac{dx}{dt}$。离心力减去浮力为分子颗粒所受到的净离心力：

$$F_c - F_b = m_p \, \overline{\omega}^2 x - m_p \, \bar{v}p \, \overline{\omega}^2 x = p \, \overline{\omega}^2 x(1 - \bar{v}p)$$

当分子颗粒以恒定速度沉降时，净离心力与溶剂的摩擦力处于平衡：

$$F_f = F_c - F_b$$

即：

$$m_p \overline{\omega}^2 x(1 - \overline{v}\rho) = f\frac{dx}{dt} \quad \text{或} \quad V = \frac{dx}{dt} = \frac{m_p(1 - \overline{v}\rho)\overline{\omega}^2 x}{f} \tag{1}$$

(1)式说明，离心力场中颗粒的沉降速度与其质量成正比，与离心加速度成正比，而与介质的摩擦系数成反比。所以颗粒的质量越大，密度越大，转速越高，介质黏度越小，沉降就越快。

3. 颗粒的沉降系数

在超离心中常用沉降系数来表示颗粒的沉降行为。分子颗粒的沉降系数是指单位离心力场颗粒下沉的速度，用 S 表示：$S = V/G, V = dx/dt, G = \omega^2 x$，即 $S = \frac{dx/dt}{\omega^2 x}$ 可转换成 $S\overline{\omega}^2 dt$

$= \frac{dx}{x}$ 积分：

$$S\omega^{-2}\int_{t_1}^{t_2}dt = \int_{\ln x_1}^{\ln x_2}\ln x = 2.303\int_{\lg x_1}^{\lg x_2}\lg x$$

$$S\omega^{-2}(t_2 - t_1) = 2.303(\lg x_2 - \lg x_1)$$

$$\therefore S = \frac{2.303(\lg x_2 - \lg x_1)}{\omega^{-2}(t_2 - t_1)} \tag{2}$$

由于(2)式分母很大，分子很小，大多数大分子的 S 值都是 10^{-13} cm/s(s·dgn·g)的倍数，为了纪念超离心技术的创始人瑞典化学家 Svedberg，国际上采用斯维得贝格(svedberg)单位代表 10^{-13} cm/s(s·dgn·g)，用 s 表示。已知大多数蛋白质的沉降系数为 $1 \sim 200$ s，而且用外推法求得在蛋白质浓度为零时的沉降系数都近于 1 s。目前已测定了很多蛋白质、酶、病毒等颗粒的沉降系数，如牛血清清蛋白的沉降系数为 4.4 s。原核细胞核糖核蛋白体的沉降系数为 70 s 等等。

4. 介绍几个方程

根据沉降系数的定义 $S = \frac{dx/dt}{\omega^2 x}$，(1)式又可写成：

$$S = \frac{m_p(1 - \overline{v}\rho)}{f} \tag{3}$$

根据斯托克斯(Stokes)定律，球形分子颗粒的摩擦系数：

$$f = 6\pi r\eta$$

上式中，r 为非水化球形颗粒的半径，称斯托克斯半径，η 为溶剂的黏度，π 为圆周率。

而球形分子颗粒的体积为 $V = m_p\overline{v} = \frac{4}{3}\pi r^3$，即 $m_p = \frac{4}{3}\pi r^3 \frac{1}{\overline{v}} = \frac{4}{3}\pi r^3\rho_p$，将此代入(3)式：

$$S = 2r^2/9\eta(\rho_p - \rho) \tag{4}$$

ρ_p 是分子颗粒的密度。

将(4)式与(2)式比较，又可得到分子颗粒的沉降时间 T，即 $t_2 - t_1$：

$$T = \frac{9 \times 2.303\eta(\ln x_2 - \ln x_1)}{2\overline{\omega}r^2(\rho_p - \rho)} \tag{5}$$

而蛋白质等分子颗粒的质量 m_p 等于它的分子量 M 除以阿伏加德罗常数 N（为 6.023×10^{23}），$m = \dfrac{M}{N}$。又知爱因斯坦-萨德兰德方程 $f = \dfrac{RT}{ND}$ 式中，T 为绝对温度，$R = 8.314$ J/(mol·K) 常数（0.082 L 大气压/mol/度），D 为扩散系数，它在数值上等于当浓度为一个单位时，在 1 分钟可通过 1 cm^2 面积而扩散的溶质量。扩散系数与其分子的大小和性状以及溶剂的黏度有关。可查相关的物理常数表得到，或通过费克（Frick）第二扩散定律求得：

$$\frac{c_2}{c_1} = e^{-\frac{x_2^2 - x_1^2}{4Dt}}$$

将 $m_p = \dfrac{M}{N}$，$f = \dfrac{RT}{ND}$ 代入（3）式，得：

$$M = \frac{RTS}{D(1 - \upsilon p)} \tag{6}$$

（6）式称 Svedberg 方程，可以精确计算分子颗粒的相对分子质量。

    通过以上分析我们就可以利用颗粒的大小差异和密度差异，选择一定的转速、一定的离心介质来收集所要研究的颗粒。

    在生物学、医学研究中，要得到有生物活性的物质，一般要用快速、低温、分离效果好的方法，因此，在低温下离心往往是首选的方法。尤其对于各种亚细胞结构和大分子，用普通离心机和高速离心机都望尘莫及，而只有借助超离心机的巨大威力，才能达到分离的目的。

二、超离心分离方法

    超离心分离方法也称超离心技术，用于制备的超离心分离方法有两类：一类是分级离心法；另一类是密度梯度离心法。另一种沉降平衡法可以用来测定相对分子质量，如下所示：

沉降速率法 { 差速离心法（或分级离心法） / 速率区带离心法 }

沉降平衡法 { 等密度离心法 { 预制梯度等密度离心 / 自成梯度等密度离心 } 密度梯度离心法 / 沉降平衡法 }

（一）分级离心法

    一个非均一的粒子悬浮液在离心机中离心时，各种粒子以各自的沉降速度移向离心管底部，逐步在底部形成一层沉淀物质，但这层沉淀是否只含一个组分呢？显然不是，但最多的还是那些沉淀最快的组分。因此，为了分出某一特定组分，需要进行一系列离心，即先低速后高速分部进行，混合物通过逐渐增高转速分成若干组分。每一次离心的转速选择到使其中的一种成分在预定时间内沉淀，得到沉淀物（图 2－25）。这种沉淀物大多是需要的成分，但也夹带了其他组分，可用"洗涤"法反复纯化，才能供研究用。

    通过分级离心，在低速时得到直径较大或密度较大的颗粒，中速得到中等颗粒，高速得到小的颗粒。这种方法常用于大小不同、沉降系数差别在一个或几个数量级的混合物颗粒的分离，特别是对病毒和亚细胞组分的浓缩特别有用。图 2－26 是本法分离亚细胞结构的示意图。

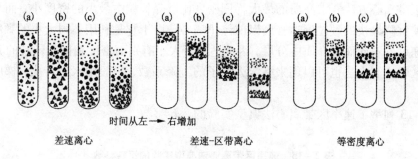

时间从左 —→ 右增加

差速离心　　　　　差速-区带离心　　　　　等密度离心

图 2 - 25　颗粒沉降过程示意图

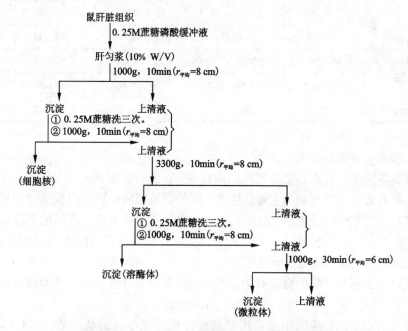

图 2 - 26　分级离心法分离亚细胞结构示意图

（二）密度梯度离心法

密度梯度离心这种方法是在离心管中加入一种具有化学惰性并能很快扩散的材料作为梯度介质制作密度梯度或浓度梯度，梯度介质在离心管中的分布是管底密度最大，向上逐渐减小。待分离的样品加在梯度上面进行离心时，可以通过密度梯度来维持重力的稳定性，排除或减轻颗粒在迁移过程中受震动和对流等作用造成的扰乱。这种方法比分级离心复杂，而且分辨力高，可以同时使样品中几个或全部组分分离，形成不连续的区带。

密度梯度离心或称区带离心，又可分为两种操作技术，即速率区带离心技术和密度区带离心技术。在分离原理上，前者是根据各种微粒具有不同的大小和不同沉降速度而分离，后者是根据各种微粒具有不同的密度而分离。

1.速率区带离心

速率区带离心方法是将少量样品铺放在密度梯度液的最上层，在离心过程中，微粒按照其大小不同在梯度液中各自形成不连续的区带。

速率区带离心方法要求介质的最大梯度密度比沉降颗粒中最小的密度小，而且要选择适当转速使沉降最快的颗粒到达管底以前停止离心。由于它是利用不同大小的颗粒在离心场中沉降速度的不同而在介质中分层，因此适用于大小有别而密度相似的颗粒的分离。

速率区带离心方法也可以用来测定大分子的沉降系数，一般用水平转头，梯度介质常用蔗糖。

表2-13列举了速率区带离心法典型实验的运转参数。

表2-13　速率区带离心法典型实验的运转参数

样品	沉降系数 S	转头型号	蔗糖梯度% W/W	转速	时间(/h)
血清	4，7，19	SW-60	10% ~40%	60 000	16
烟草花叶病毒	180	SW-40/41	10% ~40%	40 000	2
核糖体亚单位	30，50	SW50.1	10% ~40%	50 000	3
酶(大部分)	2.5~4.5	SW0	10% ~40%	60 000	18
DNA(大部分)	22	SW60	碱性10% ~40%	55 000	5

2. 预制梯度等密度区带离心技术

预制梯度等密度区带离心法是把样品铺放在一个密度梯度液的顶部，而这个密度梯度范围包括了所有要分离的颗粒的密度，且离心时间足够使所分离的微粒通过介质梯度移动到与它们各自密度相同的位置，这时颗粒就在各自位置排列成带。不同的沉降带被上浮在比其本身密度大的"介质垫"上。这种方法要求介质梯度有适当的陡度，以便使介质最大的密度高于沉降组分的最大密度，同时要求比较长的离心时间和比较快的转速。

由于这种方法只与颗粒的密度有关，因此该法常用于分离大小相近而密度有差异的颗粒，如核酸分子的分离，但一般不用于蛋白质的分离。

预制梯度等密度区带实验中最常用的梯度介质是碱金属的盐溶液，如 $CsCl$、Cs_2SO_4、KBr、$NaBr$ 等。Meselson 等在核酸研究中曾利用 $CsCl$ 作了一个平衡等密度区带离心实验。实验开始时，他们把样品和 $CsCl$ 溶液均匀混合，在离心过程中让 $CsCl$ 溶液自动形成梯度，愈近管底密度愈大，这个过程也称"自生梯度"。而在梯度形成过程中，原来均匀分布的样品粒子也在离心力的作用下，被赶到了一定的区域，在这个区域内梯度液的密度恰恰等于某一组分的飘浮密度，该组分将不再移动而达到平衡，形成一个窄区带。这种"自生梯度"虽然不要预先制备梯度液，但需要长时间离心，例如，DNA 在自生梯度下离心，要36~48小时。

1958年，Meselson 曾用预制梯度等密度区带离心方法验证了 DNA 的半保留复制的理论。

预制梯度等密度离心法应用很广，如用它来分离核酸、血浆脂蛋白等。由于 $CsCl$ 比较昂贵且有腐蚀性，近来又采用 $NaBr$ 来做梯度介质。

表2-14列举了应用等密度区带离心预制梯度法所作的典型实验和运转参数。

表 2 – 14　预制梯度等密度离心法所作的典型实验和运转参数

样品	样品密度 /(g·cm⁻³)	转头	CsCl 浓度 g/cm³	转速	时间 (/h)	温度 (/℃)
DNA(E. coli)	1.52/1.57	SW 50.1	1.5	45 000	32	20
DNA(噬菌体)	1.48	Trpe 50.70	1.5	45 000	32	20
DNA(mirococcusluteus)	1.70	Trpe 65	1.6	50 000	32	20

速度区带离心法和预制梯度等密度离心法有相似之处，都是预先将介质铺成梯度，但它们所依赖的基础、离心时间、转速及颗粒与周围介质的密度是否相等诸方面有一定的差别，表 2 – 15 总结了两者的区别。

表 2 – 15　速度区带离心法与预制梯度等密度离心法的区别

速度区带离心法	预制梯度等密度离心法
沉降速度主要依赖于颗粒的形状和大小	沉降平衡主要依赖于颗粒的密度，与形状和大小无关
离心时间较短，待大颗粒到达管底前停止离心。颗粒沉降速度不为零。若延长离心时间，颗粒会沉管底	离心时间与液柱长短有关，一般为 16 ~ 18 h。每种颗粒的沉降速度均为零。延长离心时间也不再下沉
转速一般较高在 50 000 r/min 以上	转速一般较低，在 50 000 r/min 以下
颗粒密度不等于周围介质密度	沉降平衡时，颗粒密度一定等于周围介质密度

需要指出的是，许多密度梯度实验常常把速率区带法和等密度区带法合并应用，例如选择一个密度梯度使得样品中一部分组分沉降到离心管底部，而另一部分停留在它的等密度区。目前分离血清脂蛋白往往用这种技术，一方面让脂蛋白上浮(脂蛋白密度在 1.00 ~ 1.1459 g/mL)，同时让其他蛋白质(密度在 1.300 g/mL)下沉。

（三）沉降平衡法

沉降平衡法用于测定沉降颗粒的分子量，主要用于均一组分测定，转速在 8 000 ~ 20 000 r/min。离心开始时，分子颗粒发生沉降，由于沉降的结果造成浓度梯度，因而产生了扩散作用，扩散力的作用方向与离心力相反。当沉降速度为 $\frac{x}{dt}$ 在时间 dt 内浓度为 C 的溶液越过横断面 A 的溶质量可表示为：

$$d_m = CA \frac{dx}{dt} dt$$

而扩散作用沿相反方向越过横断面 A 的溶质量可表示为：

$$d'_m = DA \frac{dc}{dx} dt$$

当净离心力与扩散力平衡时，在离心管内从液面到管底形成一个由低到高的恒定浓度梯度因此，$d_m = d'_m$，即

$$C = \frac{dx}{dt} = D \frac{dc}{dx} \tag{7}$$

由前一节的(1)式 $\dfrac{dx}{dt} = \dfrac{m_p(1 - v\rho)\overline{\omega}^2 x}{f}$ 及爱因斯坦 – 萨德兰德方程 $F = \dfrac{RT}{ND}$ 换成 $D = \dfrac{RT}{Nf}$,

代入(7)式得

$$\frac{C \cdot m_p (1 - \overline{v}\rho)\overline{\omega}^2 x}{f} = \frac{RT}{Nf} = \frac{dc}{dx}$$

所以,

$$C \cdot M \cdot (1 - \overline{\omega}^2 x \cdot dx) = RTdc$$

整理得:

$$M = \frac{2RT}{(1 - \overline{v}\rho)\overline{\omega}^2} \cdot \frac{d\ln C}{dx^2}$$

将上式,至 x 积分得:

$$M = \frac{2RT(\ln C_2 - \ln C_1)}{(1 - \overline{v}\rho)\overline{\omega}^2 (x_2^2 - x_1^2)} \tag{8}$$

M、R、T、ω、$\overline{v}$、ρ、的意义同前一节,C_1 和 C_2 是离旋转中心 x_1 和 x_2 处的分子颗粒浓度,只要实验测得 C_1 和 C_2 以及 $\overline{v}$ 和 ρ,即可算出分子颗粒的分子量。

（三）离心法的选择

选择离心方法最简单的做法是参照别人的工作,然而遇到别人从来没有测定过的混合物时,就要靠自己摸索。很多学者指出,分离颗粒时,设计密度梯度离心的参数,与其说是科学,倒不如说是一种艺术。针对速率区带离心和等密度区带离心两种技术,前者是依赖于颗粒的大小差异,后者是依赖于颗粒的密度差异,所以选择方法的第一步就是查阅有关文献,把要分离的混合物中存在的所有颗粒的大小(或沉降系数)和密度列成一个表,如文献中没有某些颗粒的有关性质的数据,则应做一些预备实验来测定这些数据。

第二步是依表画一个图,称 $S-\rho$ 图。

根据获得的资料,我们可以提供一些方法供选择:①如果所要分离的颗粒沉降速度差10 倍或更大,则可以采用分级离心法来分离;②当混合物含有大小和密度两者都相近似的颗粒时,则要使用复合梯度;③当一组颗粒的密度与它们的大小成反比时,即颗粒越小,它的密度越大,像血清脂蛋白的分离,可采用速率飘浮法来分离。

还有很多别的处理技术,例如往梯度介质中加入某种盐离子,让某种颗粒吸附,而增加这种颗粒的密度或者改变梯度的浓度,令某种颗粒损伤,而达到分离的目的,等等。

三、密度梯度液的制备和区带收集

1. 梯度的形状

梯度形状对于分离是否成功很重要,梯度形状有线性、阶梯形、陡峭形等。

最常用的是线形密度梯度,它对分离蛋白质、酶、激素、核糖体亚基有良好的分离效果(图 2 – 27)。

向下凹的梯度(图 2 – 28)适用于脂蛋白或一些需要上浮的样品。

阶梯形梯度也称不连续梯度,最适用于分离整个细胞、分离动物组织匀浆中的亚细胞组分以及纯化一些病毒用。

等速梯度是常用的 5% ~20% 蔗糖的线性梯度,在这种梯度中,各区带沉降速度变。

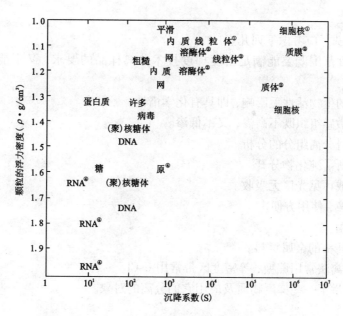

图 2-27　线形密度梯度对蛋白质、酶等的分离效果

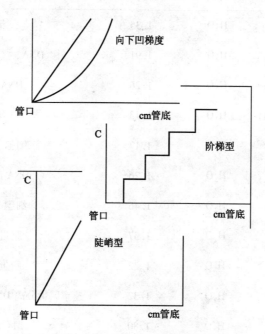

图 2-28　向下凹的梯度图示

　　巨大分子如核糖体亚基、多核糖体，需要一种陡峭的梯度以及长液柱，以增进分离力。

　　实验操作中常常在离心管底部加一层高密度溶液作"垫层"，这层"垫层"可使离心的沉降物容易再度悬浮起来，防止有些物质沉降后变化，特别像有些病毒沉积后会失去活性。

2. 梯度物质

梯度物质的选择应考虑下列几点：

(1)它的密度范围既要能满足密度梯度技术分离样品的要求，又不能使转头受过多压力。

(2)对样品的生物活性无影响，即具有化学惰性。

(3)对一些敏感组织既不高渗，又不低渗。

(4)不干扰对分离组分的分析。

(5)可以和所需纯化物分开。

(6)在紫外或可见光区无吸收。

(7)价格低廉，使用方便。

(8)可以灭菌。

(9)不腐蚀转头的金属材料。

速率区带分离法常用蔗糖，等密度区带常用 CsCl。

表 2-16 列举了一些梯度物质及应用它们分离的对象。

表 2-16　某些梯度物质及应用分离对象

梯度物质	溶剂	最大密度(20%)	一般用途
清蛋白	H_2O	1.35	细胞分离
C_sCl	H_2O	1.91	DNA、核蛋白、病毒分离
$C_{s2}CO_4$	H_2O	1.26	DNA、RNA 分离
右旋糖酐(M.W.40,000)	H_2O	1.13	细胞分离
Ficoll(聚蔗糖)	H_2O	1.17	细胞、亚细胞分离
甘油	H_2O	1.26	DNA 速率区带分离
Metrizamide(泛影葡胺)	H_2O	1.46	细胞、亚细胞分离
KBr	H_2O	1.37	脂蛋白分级分离
NaBr	H_2O	1.32	脂蛋白分级分离
蔗糖(66%)	H_2O	1.32	速率区带分离 DNA、RNA、亚细胞、蛋白质
NaI	H_2O	1.80	区带分离 DNA

3. 梯度溶液的准备

在制备梯度管以前，必须先配好所需浓度的梯度液，配置方法有：

(1)Cline 和 Ryel 报道了蔗糖配成66%的储备液(室温下，将 1 710 g 蔗糖加于 900 mL 水中，搅拌至溶解)，在 50 ℃下可无限期放置，很少长菌，然后再把储备液按表 2-17 所示稀释成所需浓度。

表 2 – 17　蔗糖储备液需稀释的浓度数

蔗糖浓度(M)	稀释 100 mL 所需 66%(W/W)蔗糖液毫升数
0.4	14
0.8	29
1.2	43
1.6	58
2.0	74
2.4	88

　　最好画一个坐标图,可以把浓度分得更细些。配好以后还可以用阿贝折射仪检测折射率,然后查有关表格,检查浓度、密度实际是多少。

　　(2)密度梯度溶液也可以称重配制,配成溶液后再测定它的折射率,换算成密度。各梯度物质的密度、折射率、百分浓度、摩尔浓度之间的关系,均有表格可查。表 2 – 18 是20℃蔗糖(分子量 342)的密度、折射率与浓度的关系的部分数据表。

表 2 – 18　蔗糖(20℃下)的密度、折射率与浓度关系的部分数据

密度(g/cm³)	折射率(n.D)	重量百分比(%)	溶质(mg/mL)	摩尔浓度(M)
0.9982	1.3330	0	0	0
1.0021	1.3344	1	10.0	0.029
1.0060	1.3559	2	20.1	0.059
1.0179	1.3403	5	50.9	0.149
1.0381	1.3479	10	103.8	0.303
1.0592	1.3557	15	158.9	0.464
1.0810	1.3639	20	216.2	0.632
1.1036	1.3723	25	275.9	0.806
1.1270	1.3811	30	338.1	0.988
1.1513	1.3902	35	403.0	1.177
1.1764	1.3997	40	470.6	1.375

　　有一点要注意,在查文献时,必须搞清楚表示梯度溶液浓度的单位是 W/W 还是 W/V,两者是有差别的。

　　4.梯度离心管的制备

　　(1)制备不连续的阶梯式梯度管,方法如表 2 – 19。

　　在一注射器针上加接一段细管,其长度要够插入离心管底部。如要在 15 mL 离心管中制备 5% ~ 20% 的蔗糖溶液梯度管,先在离心管底部放 15% 蔗糖溶液 3 mL,再把管子插入离心管底部,然后用注射器仔细注入 10% 蔗糖溶液,注意避免产生气泡,保持管子仍在离心管底,重复依次注入 3 mL 5% 和 3 mL 20% 的蔗糖溶液,然后沿管壁小心地拔出针管。

此法也适用于制造盐梯度。如果要制造连续的线性梯度，则需放置，任其扩散。黏度越大的溶液，放置时间要长。

（2）连续的线性梯度，可使用一个手动梯度形成的装置（图2-29）。

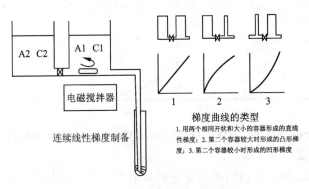

连续线性梯度制备

图2-29　手动梯度形成的装置

梯度曲线的类型

1. 用两个相同形状和大小的容器形成的直线性梯度；2. 第二个容器较大时形成的凸形梯度；3. 第二个容器较小时形成的凹形梯度

表2-19　不连续阶梯式梯度管制备方法

蔗糖%（w/w）	CsCl（g/cm^3）
5	1.4
10	1.5
15	1.6
20	1.7

手动梯度装置是由大小相同的两个圆筒组成。圆筒的高度与直径比为2.5～3.1。两个圆筒，一个为储存室，一个为混合室，内装搅拌器，底部有出口；两室之间在底部由一个带活栓的透明连通管相连。先把最低密度的蔗糖溶液装入储存室，打开活栓使连通管内充满溶液，不留气泡，再关住活栓；然后把混合室底部出口处的导管引至离心管，紧靠管壁，并夹住导管；立即装浓蔗糖溶液于混合室，并使两圆筒内的溶液高度相等。制备开始，打开活栓、导管夹、开动搅拌器三者同时进行。液体流出要慢，约每分钟1 mL以下，随着离心管中的液面升高，浓度线性下降，就得到了一个连续的线性密度梯度液。

此外，还有自动梯度仪出售，只要准备一个最低浓度和最高浓度的梯度溶液，就可通过仪器快速制备连续的线性梯度，而且还可同时制备几管。制备方法可以看操作说明书。

实验结果证明，连续梯度管上层浓度和管底浓度之比以1:4为好，特别是管上层的浓度小于10%（W/W）时，有较高的分辨力。

5. 加样方法

（1）样品浓度：在密度梯度管上加多少样品？样品的浓度多大合适呢？这都要预先摸索。如果样品浓度过大，会产生沉淀，即使不生产沉淀，过分的样品浓度也会使分离区带宽而丧失分辨率。如果样品浓度太低，那么分离区带难于鉴定。实验证明，水平转头，密度管可承担样品的最大浓度，为该管最上层浓度的1/10（W/W），例如5%～20%的梯度管可支持样品的浓度为0.5%。

（2）样品加入的量：样品加入量要看离心管的大小，预先试验一下。上样量过多，区带变厚，多组分体系不能有效地分离。表2-20是美国Behnsn制备超离心机的转头所用离心管常规的上样量。

表 2 – 20　美国 Behnsn 超离心机转头所用离心管的上样量

转头	样品(mL/管)	管直径
Sw65，50.1,50,39	0.2	1.3
Sw60	0.2	1.1
Sw40,41	0.5	1.4
Sw27.1	0.5	1.6
Sw36	0.5	1.6
Sw27,25.2	1 – 2	2.5

（3）加样方法：如图 2 – 30 所示，针尖和离心管液面成 45°～60°，慢慢地将样品沿管壁铺到液面上，像 DNA 这类容易断开的脆弱样品，应该用孔径较大的移液管代替针头以减弱剪力的作用。

6.分离区带的收集

可以用手工方法收集，直接用注射器或滴管小心地按层次从离心管底部移出，或者按下面几种方法收集（图 2 – 31）。

（1）通过一针管将密度大的液体泵到梯度管的底部，然后将梯度向上置换，通过一专门的盖帽导出，此法被认为分辨率高。

（2）可穿刺管底，使梯度滴出，管上部有控制杆，控制滴出速度。此法每次必须报废一个离心管，它对梯度的扰动最小，但控制流速要十分小心。

（3）在离心管顶部装一盖帽，泵入空气或轻的液体，通过插入离心管底部的针管将梯度替换出。

目前还有专门的自动梯度收集仪，使用起来更方便。

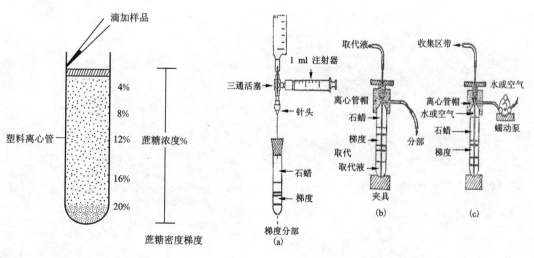

图 2 – 30　加样方法　　　　　　　图 2 – 31　回收梯度的方法
（a）底部穿刺收集法；（b）向上取代法；（c）向下取代法

四、制备超离心机做沉淀分析

颗粒沉降行为的精确分析是在超离心机中进行的，但用制备超离心机也可以对颗粒的沉降系数、沉降颗粒的分子量进行粗略的估算，这对于不太纯的样品作近似沉降分析特别有用。

根据 Mgdin 在 1960 年的试验证明，大多数生物材料，特别是低分子量的蛋白质分子，在适当的蔗糖密度梯度液中离心，颗粒迁移是离心时间的线性函数。因此，当把一种未知样品与一种已知样品在相同的条件下离心任何一段时间后，两种样品从离心管液面迁移的距离的比值为一常数，故可求得比值 R：

$$R = \frac{\text{未知样品率液体弯月面的距离}}{\text{已知样品率液体弯月面的距离}}$$

这个距离是可以测出来的，所以这个比值也容易得到。

又因为在离心条件相同时，两种样品各自都以相当恒定的沉降速度移动，而沉降速度可用沉降系数表示，即：

$$R = \frac{S_{未知}}{S_{已知}}$$

所以，求得 R 值，并知道其中一个样品的 S 值，就可计算另一个样品的 S 值。

此外，未知颗粒的分子量也可由下式求出：

$$R = \left[\frac{M_{未知}}{M_{已知}} \right]^{\frac{2}{3}}$$

$M_{已知}$ 为样品分子的标准相对分子质量。

第三章　实验内容

实验一·酶的特异性

【实验目的】　验证酶的特异性

【实验原理】　淀粉在淀粉酶的催化下，水解生成的麦芽糖属于还原糖，能使班氏试剂中的二价铜离产还原成一价亚铜，生成砖红色的氧化亚铜，出现混浊沉淀。淀粉酶不能催化蔗糖水解生成具有还原性的葡萄糖利果糖，蔗糖本身无还原性，不与班氏试剂产生颜色反应。

【试剂】

(1)1%淀粉溶液　　　　(2)1%蔗糖溶液

(3)pH 6.8缓冲溶液　　　(4)班氏试剂

【器材】　试管、蜡笔、烧杯、恒温水浴箱、沸水浴箱。

【操作】

(1)稀释唾液的制备：嘱被检查将痰咳尽，用水漱口(除去食物残渣、洗涤口腔)，再含蒸馏水 30 mL，做咀嚼运动，2 分钟后将含在口腔内的蒸馏水与唾液吐入烧杯中。

(2)煮沸唾液的制备：取出一部分稀唾液于试管中，再放入沸水浴中煮沸 5 min，使唾液淀粉酶变性灭活。

(3)取试管 3 支，每支试管标号后按表 3－1 的所示方法操作。

表 3－1　口腔内唾液的淀粉酶反应操作表　　　　　　　　　单位：滴

试剂 试管	pH 6.8 缓冲液	1%淀 粉液	1% 蔗糖液	稀唾液	煮沸 唾液	混匀 37℃ 水浴 10 min	班氏 试剂	沸水 浴中 煮沸	结果
1	20	10		5			20		
2	20	10			5		20		
3	20		10	5			20		

(4)观察结果：将各试管内产生的颜色、混浊及沉淀情况分别填入表 3－1 中的结果栏中。

【实验结果分析】

从实验结果可判断第＿＿＿＿＿试管中发生了酶促反应，第 2 试管与第 1 试管比较，两管的差别是＿＿＿＿＿＿＿＿＿比较这两管的结果说明＿＿＿＿＿＿＿＿＿＿＿＿＿＿。

　　第 3 试管与第 1 试管比较，两管的差别是 _____，第 3 试管中
_____酶促反应，说明_____。

【请写出结论与体会】

实验二·温度、pH、激活剂与抑制剂对酶促作用的影响

【实验目的】　观察温度、pH、激活剂与抑制剂对酶促作用的影响，加深对酶促反应特点的理解。

【实验原理】　唾液淀粉酶可催化淀粉逐步水解，生成分子量大小不同的糊精，最后水解成麦芽糖。淀粉遇碘呈蓝色，糊精按分子量大小遇碘可呈蓝色、紫色、暗褐色或红色。分子量最小的糊精对麦芽糖遇碘不显色。根据颜色反应，可以知道淀粉水解的程度。当各试管中的淀粉、淀粉酶含量及酶促反应时间相同时，水解程度大小可以反映酶促反应的快慢及酶活性的高低。

【试剂】

(1)1％淀粉溶液　　　　　　　　(2)pH 6.8 缓冲溶液

(3)pH 8.0 缓冲溶液　　　　　　(4)0.9％氯化钠溶液

(5)0.1％硫酸铜溶液　　　　　　(6)0.1％硫酸钠溶液

(7)稀释唾液(与实验一方法相同)　(8)碘液

【器材】　试管、恒温水浴、冰浴、沸水浴、蜡笔、白磁反应板、滴管。

(一)温度对酶促作用的影响

【操作】

(1)取试管 5 支，用蜡笔分别编为 1 号、2 号、3 号、4 号、5 号试管，每支试管内加入 pH 6.8 缓冲溶液 20 滴、1％淀粉溶液 10 滴。

(2)把 1 号试管放入 37℃恒温水浴中，把 2 号试管放入沸水浴中；把 3 号试管放入冰浴中。

(3)放置 5 分钟后，分别向各试管加入稀唾液 5 滴，混匀，赶快再放回原处。

(4)6 分钟后，每隔 2 分钟用干净滴管从 1 号试管中取 1 滴液体于白磁反应板的孔中，再向孔内加 1 滴碘液，孔内液体刚呈黄色时，将 3 支试管同时取出。从 2 号、3 号试管中分别倒出一半液体于另两支编号为 4 号、5 号的试管中，将 4 号、5 号试管放入 37℃恒温水浴中，并记录放入时间。

(5)将 1 号、2 号、3 号试管中分别加入碘液 1 滴，摇匀。4 号、5 号管保温 10 分钟后取出，向各试管中加入碘液 1 滴，摇匀。

(6)观察结果：将各试管观察到的颜色深浅程度分别填写入以下空格表中

管　号	1	2	3	4	5
颜　色					

【实验结果分析】　如果将观察到各试管中产生的颜色，紫色、暗褐色、红色至浅黄色分别看成由深至浅的颜色变化，那么，当各试管中底物浓度，酶浓度和保温时间都相同时，颜色愈深，说明酶活性_____。在 1 号、2 号、3 号管中，_____号试管中酶活性最高。

2 号试管中的酶活性_____于 1 号试管，这是因为 2 号试管_____。

3 号试管中的酶活性_____于 1 号试管，这是因为 3 号试管_____。

4 号试管与 5 号试管比较，说明_____。

【请写出结论与体会】

(二)pH 对酶促作用的影响

【操作】

(1)取试管 3 支，将试管编号后按表 3 - 2 内容加入各种试剂，并按说明掌握保温时间。

表 3 - 2　pH 对酶促作用的影响所加入的试剂及操作　　　　　　　单位：滴

试剂 试管	pH 5.0 缓冲液	pH 6.8 缓冲液	pH 8.0 缓冲液	1% 淀粉液	稀唾液	摇匀恒温 37℃水浴	碘 液	颜 色
1	20	—	—	10	5		1	
2	—	20	—	10	5		1	
3	—	—	20	10	5		1	

保温时间的确定：保温 5 分钟后，每隔 2 分钟从 2 号管中取一滴液体于白磁反应板孔内，再向孔内加入 1 滴碘液，直至孔内颜色刚呈浅红色或黄色时，停止保温。

(2)观察结果：注意各试管内的颜色及颜色深浅差别，并分别填入表 3 - 2 最后一栏中。

【实验结果分析】

从表 3 - 2 的前几栏可看出，3 支试管的差别是各试管的_____不同比较各试管的颜色，_____号试管中酶的活性最高。唾液淀粉酶的最适 pH 接近_____。

1 号试管与 2 号试管比较，说明_____。

3 号试管与 2 号试管比较，说明_____。

仔细观察 1 号试管与 3 号试管的颜色是否有差别？怎样解释？

答：

【请写出结论与体会】

(三)激活剂与抑制剂对酶促作用的影响
【操作】
(1)取4支试管,将各试管编号后按表3-3操作。注意按说明掌握保温时间。

表3-3 激活剂与抑制剂对酶促作用影响所加入的各种试剂及操作　单位:滴

试剂 试管	pH6.8 缓冲液	1%淀粉液	蒸馏水溶液	0.9%氯化钠溶液	0.1%硫酸铜溶液	1%硫酸钠溶液	稀唾液	匀恒温水浴	碘液	颜色
1	20	10	10	—	—	—	5		1	
2	20	10	—	10	—	—	5		1	
3	20	10	—	—	10	—	5		1	
4	20	10	—	—	—	10	5			

37℃恒温水浴时间的确定,保温5分钟后,每隔大约2分钟(逐步缩短间隔时间)从2号试管中取1滴液体于白磁反应板孔内,再向孔内加入1滴碘液,直至孔内颜色刚呈黄色时,停止保温。
(2)观察结果:注意各试管内的颜色及颜色深浅的差别,并分别填入表3-3最后一栏中。
【实验结果分析】
2号试管与1号试管比较,2号试管中的酶活性____于1号试管的酶活性,这是因为2号试管中含_____。说明_____。
3号试管与1号试管比较,3号试管中的酶活性____于1号试管的酶活性,这是因为3号试管中含_____。说明_____。

4 号试管与 1 号试管比较, 4 号试管中的酶活性____于 1 号试管的酶活性, 说明钠离子及硫酸根离子对唾液淀粉酶的活性_____影响。

把 4 号试管分别与 2 号、3 号试管比较, 可知_____离子能使酶活性增高; _____离子能使酶活性降低。

【请写出结论与体会】

【思考题】

(1)什么叫酶的特异性? 可分成哪几类? 通过对本实验原理的理解及实验现象的观察, 你认为唾液淀粉酶的特异性属于哪一类? 为什么?

答:

(2)为什么食品在冬天, 加入适量食醋、煮沸后不开盖子能保存较长时间? 为什么?

答:

实验三·食物中维生素 C 的提取与定量

【**实验目的**】　熟悉维生素 C 的提取和测定方法。

【**实验原理**】　维生素 C 又称抗坏血酸。食物和人体内有两型，即还原利脱氢型，都以还原型抗坏血酸为主，新鲜水果和蔬菜的维生素 C 较为丰富。

维生素 C 易溶于水，在空气中不稳定，遇冷、遇热、对重金属离子尤易氧化破坏，故常用无氧化作用的稀酸液作提取液。

维生素具有强还原性，能使 2，6 – 二氯酚靛酚还原退色。因此，利用氧化型 2，6 – 靛酚可滴定还原型抗坏血酸的量，在酸性溶液中其终点为微红色。

【**试剂**】

(1)2% 盐酸液

(2)0.001M2,6 – 二氯酚靛酚溶液：称取氧化型 2,6 – 二氯酚靛酚钠 2.5g,溶于 1 000 mL 蒸溜水中，加碳酸氢钠 2.1 g，充分摇振，放置过夜。临用前滤过。用标准维生素 C 溶液标定其浓度。

(3)标准维生素 C 溶液：精确称取纯维生素 C 25 mg，溶于 4% 盐酸 251 mL 中，放入 500 mL 的容量瓶，利用蒸馏水稀释至刻度。

吸取标准维生素 C 溶液 10 mL，置于蒸发皿中，加 2% 盐酸 1 mL，用配制的 2，6 – 二氯酚靛酚滴定。然后将 2，6 – 二氯酚靛酚稀释为每毫升维生素 C 0.088mg，储于棕色瓶中，置冰箱中可保存 1 周。

【**操作**】

(1)提取：称取新鲜水果 10 g，置研钵中，加 2% 盐酸约 10 mL，充分研磨提取，如此研磨提取 3 ~ 4 次，几次提取液通过两层纱布滤入 50 mL 的容量瓶中，最后用 2% 盐酸稀释至刻度。

(2)滴定：取蒸发皿 2 个，各加提取液 10 mL，用 0.001M2,6 – 二氯酚靛酚溶液滴定，直至出现微红色半分钟不退为止，记录 2 份样品滴定的毫升数，取其平均值。

【**注意事项**】

(1)提取液中其他还原性物质，如半胱氨酸、谷胱甘肽等，均可与 2,6 – 二氯酚靛酚反应，只因含量少，可略而不计。

(2)滴定要迅速，以减少还原型抗坏血酸的氧化。

(3)二氯酰靛酚在碱性溶液中呈蓝色。

(4)计算：维生素 C 含量(mg/100g 样品，1 mL 二氯酚靛酚可稀释维生素 C 0.088 mg)。

【**实验结果**】　_____中维生素 C 的含量 = _____。

【**实验结果分析与问题回答**】

(1)维生素 C 的性质有_____。

(2)常用_____提取食物维生素 C。

(3)2.6 – 二氯酚靛酚为何能测定维生素 C 的含量，是因为_____。

(4)为何新鲜蔬菜或水果中维生素 C 含量较丰富而储存过久的蔬菜或水果中维生素 C 含量甚少或无呢？_____。

实验四·光电比色计及分光光度计的应用

【实验目的】

（1）掌握比色分析法的基本原理。

（2）熟悉光电比色计的构造和使用方法，

（3）了解分光光度计的基本构造和应用。

【实验原理】

比色分析法是将待测物质在一定条件下经化学处理后形成有色透明溶液，再与已知浓度的标准物质经同样方法处理后显示的颜色相比，以测出待测物质的浓度。

比色法的基本原理是利用 Lambert – Beer（朗伯特 – 比尔）定律。该定律是有色溶液对单色光的吸收程度与溶液及液层厚度间的定量关系而进行比色分析。

光线按照不同的波长可分为可见光（波长为 400 ~ 750 nm），紫外线（波长小于 400 nm）、红外线（波长大于 750nm）。当一束单色光通过有色溶液后，由于溶液对光能的吸收，所以通过溶液后射出光的强度必然减弱。设 I_0 为入射光强度，I 为透射光强度，C 为溶液浓度，L 为溶液厚度；则 I 必然小于 10。若用 T 表示透光度，则 $T\%$。显然透光度（T）的大小与溶液颜色的深度（由浓度 C 决定）和溶液的厚度 L 有关，溶液厚度愈厚或溶液颜色愈深，则透光度愈小；反之透光度愈大。三者关系可用下式表示：

$$\lg T = lg \frac{I}{I_o} = - K \cdot CL \tag{1}$$

式中 K 为常数。令 A = –lg/T，则

$$A = - \lg T = \lg \frac{I}{I_o} = K \cdot CL \tag{2}$$

式中 A 为吸光度或光密度（OD 值）

式（2）即为 Lambert – Beer 定律的数学表达式。其含义是当一束单色光通过有色溶液时，光能被吸收的多少与溶液的浓度厚度成正比。式（2）也为比色分析的基本计算式，利用它可以求出待测物质的浓度。方法是以同样操作得到待测溶液和已知浓度的标准溶液，显色后放在厚度相等的两个比色杯中比色。

设 C 测为待测物质的浓度，C 标为标准溶液的浓度。

则有：

$$A_{测} = KC_{测}L_{测} \tag{3}$$

$$A_{标} = KC_{标}L_{标} \tag{4}$$

因为 $L_{测} = L_{标}$，故（3）÷（4）得到

$$\frac{A_{测}}{A_{标}} = \frac{C_{测}}{C_{标}} 即 C_{测 +} = \frac{A_{测}}{A_{标}} \times C_{标} \tag{5}$$

【光电比色计的构造和使用方法】

1. 构造

以国产 581 – G 型光电比色计为例。581 – G 型光电比色计由光源、滤光片、比色杯、光电池和检流计等组成。

（1）光源：均为直流电电流，6.3V。

(2)滤光片：测定溶液介质不同，对光线有不同的吸收作用；一种溶液仅供某一波长的光线具有最大的吸收能力，利用这种特性来测定该物质的浓度最为敏感。如果溶液中还有其他吸收光能的物质存在时，可选一定波长的滤光片，让这种物质对波长的吸收能力最小，从而减少干涉作用。因此，选择适当的滤光片对某一种物质的测定是首选的条件。滤光片选择原则为：经过滤光片后的光线，测定溶液介质量最大吸收，一般滤光片的颜色应该是溶液的补色。目前使用的光电比色计备有三种颜色的滤光片，其用法见表3-4。

表3-4　滤光片的用法

溶液颜色	应选用的滤光片
红、淡红、橙黄	蓝色滤光片
青紫、红紫、蓝	绿色滤光片
蓝绿	红色滤光片

(3)比色杯：杯的进光面与出光面皆用光学玻璃组成。

(4)光电池：为受光器的一种，多为硒光电池。

(5)检流计。

2.使用方法

(1)仪器应放在背光平稳的台面上，按说明书的规定接通电源。

(2)取比色杯3只，分别加入空白液、标准液和未知液，加入量以达到比色杯高度的3/4为宜。手应持毛玻璃面，切忌接触光滑面。

(3)将选好的滤光片插入。

(4)将空白液杯(管)和标准液杯(管)分别放入比槽内，加盖，以免受其他光源的影响。空白液杯(管)应对准被测位置。

(5)将仪器上的旋钮从"0"转至"1"，此时指示灯亮，表示电流已接通。用零点调节器将指针调在透光度(T%)0的位置。

(6)将粗调器逆时针方向旋转到底，使电阻达到最大，然后再将开关旋钮至"2"，此时光源灯泡亮，用粗调节器顺时针方向转动，将指针调节至透光度(T)为100%附近；再用细调节调整至准确位置，即透光率为100%，光密度为"0"的刻度线上。

(7)轻推比色槽，使标准液杯(管)对准被测位置，此时可见指针。

(8)标准液杯(管)的测定结束后，将开关转回至"1"处。

(9)取出标准液杯(管)，换上未知液杯(管)，按操作(1)测定未知液杯(管)的光密度。

(10)比色结束后，应将粗调整器逆时针方向转回至电阻最大处。开关旋钮回至"0"处，并切断电源。

(11)将比色杯(管)内的液体倒出，用蒸馏水冲洗3次，但不可用肥皂刷洗。

【分光光度计简介】

1.72型分光光度计

72型分光光度计由稳压光源，单色光器和检流计三大部分：组成。由10伏或5.5伏的白炽钨丝灯作为光源(稳压器供给直流电)，经单色器中透镜聚光到棱镜色散成不同光谱的单色光,通过狭缝,作为入射光通过盛有比色液的比色杯,未被吸收的光线透出入光电池产生电流,使检流计指针偏转,直接读出光密度数据,以此计算出溶液中测定物的含量。此仪波长范围为 420 ~ 700 nm,与 580 – G 型光电比色仪相同,因为光电池作为受光器,但入射光经棱镜色散后,其波长的范围比滤光波长的范围更窄;故灵敏度比 581 – 6 型光电比色仪高。

2. 721 型分光光度计

721 型分光光度计光谱范围在 360 ~ 800 mn,所有部件均在一部主机内,操作方便,灵敏度较高。以 12V25W 白炽钨丝灯泡为光源,经透镜聚光后射入单色光器由经棱镜色散,反射到准直镜,穿狭缝得到波长范围更窄的光波作为入射光进入比色杯,透出的光波被受光器光电管接受,产生光电流,再经放大在微安表上反映出电流大小,并直接读出光密度数据。此仪器比 72 型分光光度计更为灵敏,其最大特点为受光器不是光电池,而是光电管。光电管阴极表面(光电面)有一层对光灵敏的物质,当光照射到光电管后,会发射出光屯子,此光电子向阳极运动,形成光电流。光电管灵敏度虽比光电池小,但经光电管出来的光电流可以放大,并经光电池出来的光电流不易放大,并且光电池易疲乏,故较高级的分光光度计均采用光电管作为出射光线受光器。

3. 751 型分光光度计

751 型分光光度计光谱波长范围 200 ~ 1 000 nm,可测定各种物质在紫外光区,可见光及近红外区的吸收光谱,在波长 320 ~ 1 000 nm 范围内用白炽钨丝灯泡作为光源,在 200 ~ 320 nm 范围内用氢孤灯作光源。单色光部件由狭缝,准直镜、棱镜等部件组成。入封狭缝和出封狭缝安置在同一狭缝机物上,可以同时关闭。狭缝宽度从 0 ~ 2 nm 可连续调节。由准直镜反封的平行光,照亮整个棱镜面,棱镜是由石英材料制成的,对可见光及紫外光吸收很少,几乎完全透明。光学系统中的透镜也是石英制成,适宜于紫外光区使用。光电管暗盒内装有紫外光电管和红外光电管,还有微电流放大器,用以将光能转变为电能。

【思考题】

(1)比色分析法的基本原理是＿＿＿＿＿＿＿＿＿＿＿＿＿＿＿＿＿＿＿＿＿＿。

(2)581 – C 型分光光度计由＿＿＿＿＿＿＿＿＿＿＿＿＿＿＿＿＿＿组成。

(3)使用光电比色计的注意事项＿＿＿＿＿＿＿＿＿＿＿＿＿＿＿＿＿＿＿
＿＿＿＿＿＿＿＿＿＿＿＿＿＿＿＿＿＿＿＿＿＿＿＿＿＿＿＿＿＿＿＿。

(4)72 型、721 型、751 型分光光度计各具何特点＿＿＿＿＿＿＿＿＿＿
＿＿＿＿＿＿＿＿＿＿＿＿＿＿＿＿＿＿＿＿＿＿＿＿＿＿＿＿＿＿＿＿
＿＿＿＿＿＿＿＿＿＿＿＿＿＿＿＿＿＿＿＿＿＿＿＿＿＿＿＿＿＿＿＿。

实验五·血糖测定及激素对血糖浓度的影响

【实验目的】

（1）了解测定血糖的原理和方法，能正确地进行血糖的各项操作。

（2）了解激素对血糖浓度的影响。

（3）了解血糖测定的临床意义。

【实验原理】

葡萄糖在热醋酸溶液中与邻甲苯胺缩合产生蓝绿色希夫氏碱，颜色深浅与葡萄糖含量成正比。其反应式如下：

邻甲苯胺 + 葡萄糖──→葡基胺──→希夫氏碱；

【试剂】

无水葡萄糖、苯甲酸（安息香酸）、邻甲苯胺、盐酸羟胺、硫酸冰醋酸、硼酸，草酸钠、肾上腺素 1 mg/1 mL、胰岛素。

葡萄糖标准应用液 1 mL≈1 mg、邻甲苯胺显色液、血浆或血清。

【器材】

光电比色计或分光光度计、沸水浴、试管、吸管。

【操作】

（1）按表 3 - 5 所示内容操作。取 6 支试管分别按 1 号、2 号、3 号、4 号编号，另 2 支试管分别为标准试管和空白试管。按表 3 - 5 所示，留取血浆及试剂。

表 3 - 5 血糖测定所取血浆及试剂

所取血浆及试剂	测定试管				标准试管	空白试管
	1 号	2 号	3 号	4 号		
注射肾上腺素前血浆	0.1					
注射肾上腺素前血浆		0.1				
注射胰岛素前血浆			0.1			
注射胰岛素后血浆				0.1		
葡萄糖标准应用液					0.1	
蒸 馏 水						0.1
邻甲苯胺显色剂	3.0	3.0	3.0	3.0	3.0	3.0
光 密 度 A						

（2）将上述各试管摇匀放入沸水浴中煮沸 5 分钟，取出后用自来水冷却 3 分钟。在煮沸时沸水面必须超过试管内液面，否则温度不均，影响比色。

（3）在 630nm 波长下（或用红色滤光片）进行比色。并记录在表 3 - 5 中。

（4）计算：$\dfrac{测定管光密度}{标准管光密度} \times 0.1 \times \dfrac{100}{0.1} = $ 血液葡萄糖（mg）/100 mL

【实验结果】

注射肾上腺素前血糖浓度＿＿＿＿＿＿＿＿＿＿＿注射肾上腺后血糖浓度＿＿＿＿＿＿＿＿＿＿。

注射胰岛素前血糖浓度＿＿＿＿＿＿＿＿＿＿注射胰岛素后血糖浓度＿＿＿＿＿＿＿＿＿＿。

【实验结果分析与问题回答】

（1）比色分析时为什么要设计空白管＿＿＿＿＿＿＿＿＿＿＿＿＿＿＿＿＿＿＿＿＿

＿＿＿＿＿＿＿＿＿＿＿＿＿＿＿＿＿＿＿＿＿＿＿＿＿＿＿＿＿＿＿＿＿＿＿＿＿＿。

（2）正常血糖浓度有＿＿＿＿＿＿＿＿＿＿＿＿＿＿＿＿＿＿＿＿＿＿＿＿＿＿＿＿＿

＿＿＿＿＿＿＿＿＿＿＿＿＿＿＿＿＿＿＿＿＿＿＿＿＿＿＿＿＿＿＿＿＿＿＿＿＿＿。

（3）测定血糖常用方法是＿＿＿＿＿＿＿＿＿＿＿＿＿＿＿＿＿＿＿＿＿＿＿＿＿＿。

（4）影响血糖的因素有＿＿＿＿＿＿＿＿＿＿＿＿＿＿＿＿＿＿＿＿＿＿＿＿＿＿＿

＿＿＿＿＿＿＿＿＿＿＿＿＿＿＿＿＿＿＿＿＿＿＿＿＿＿＿＿＿＿＿＿＿＿＿＿＿＿。

（5）测定管 2 光密度比测定管 1 光密度＿＿＿＿＿＿，说明肾上腺素能使血糖浓度

＿＿＿＿＿＿测定管 4 光密度比测定管 3 光密度＿＿＿＿＿＿，说明胰岛素能使血糖浓

度＿＿＿＿＿＿＿＿＿。

（6）血糖测定的临床意义＿＿＿＿＿＿＿＿＿＿＿＿＿＿＿＿＿＿＿＿＿＿＿＿＿＿。

实验六·琥珀酸脱氢酶的作用及其抑制

【实验目的】

确证组织中有琥珀酸脱氢酶及丙二酸对酶有竞争性抑制作用。

【实验原理】

心肌、肝脏、骨骼肌等组织中皆含琥珀酸脱氢酶，此酶催化琥珀酸脱氢生成延胡素酸，脱下的 ZH 由辅基 FAD 接受还原成 $FADH_2$，然后再经辅酶 $Q(CoQ)$、细胞色素体系的传递，将从琥珀酸脱氢的 2H 氧化成水。本实验中用甲烯蓝(MB^+)作为受氢体，蓝色的甲烯蓝受氢后还原为无色的甲烯白($MBH + H^+$)。根据甲烯蓝是否消失作为观察琥珀酸脱氢酶活性的指标。

【试剂】

(1)0.1 M 磷酸缓冲液(pH 7.4 取 0.1 M 磷酸二氢钠溶液 19 mL 和 0.1 M 磷酸氢二钠溶液 81 mL 混合制成)。

(2)1.5% 琥珀酸钠溶液(也可用琥珀酸配制，但需用氢氧化钠溶液中和至 pH 7~8)。

(3)1% 丙二酸钠溶液(也可用丙二酸配制，再用氢氧化钠溶液中和至 pH 7~8)。

(4)0.02% 甲烯蓝溶液。

(5)液体石蜡。

【器材】

试管及试管架、滴管、解剖剪、研钵或 20 mL 匀浆器、恒温水浴箱。

【操作】

(1)将小鼠断头处死后，速取其大腿肌肉或肝脏组织 5 g，放入研钵，用解剖剪将组织剪碎，然后加入 10 mL 磷酸缓冲液(缓冲液必须在冰箱内保存，pH 在 7.4)，充分研磨均匀(或在匀浆器内进行匀浆，制成 20% 浆液)。

(2)取试管 4 支，编号后按表 3-6 所示加入试剂并操作。

表 3-6 实验需加入的试剂及操作

试管号	匀浆液 (滴)	1.5%琥珀酸钠(滴)	1%丙二酸钠 (滴)	水 (滴)	0.2% MB (滴)	结果(颜色)
1	10	10	—	20	10	
2	10	10	10	10	10	
3	—	10	10	20	10	
4	10	10	10	—	10	

(3)将各管溶液混匀，各试管内加入少量液体石蜡复盖在液面上后，将各试管放入 37℃ 水浴中保温。

(4)在 15 分钟内观察各试管颜色改变。

【实验结果分析与问题回答】

（1）本实验为何各试管需加液体石蜡＿＿＿＿＿＿＿＿＿＿＿＿＿＿＿＿＿＿＿＿＿＿＿＿＿＿＿

＿＿＿。

（2）对琥珀酸脱氢酶，丙二酸是属＿＿＿＿＿＿＿＿＿＿＿＿＿＿＿＿＿＿＿＿＿抑制作用。

（3）此实验中所配的第 2 号试管是为了＿＿＿＿＿＿＿＿＿＿＿＿＿＿＿＿＿＿＿＿＿＿＿。

实验七·肝脏中酮体的生成

【实验目的】

验证酮体在肝脏中生成。

【实验原理】

此实验用丁酸作底物，与肝组织匀浆(含酮体生成酶系)保温后即有酮体生成。酮体可与含亚硝基铁氰化钠显色粉反应产生紫红色化合物。而经同样处理肌肉匀浆，则不产生酮体，因此与显色粉作用不显色。

【试剂】

(1)0.9%氯化钠溶液。

(2)洛克氏溶液。

(3)0.5N 丁酸溶液。

(4)M/15 磷酸缓冲液(pH 7.6)。

(5)15%三氯醋酸溶液。

(6)显色粉，用亚硝基铁氰化钠1 g、无水碳酸氢钠30 g、硫酸铵50 g混合研碎配制。

【操作】

(1)肝匀浆、肌匀浆的制备:取小鼠1只，断头处死，迅速剖腹，取肝脏组织和鼠大腿肌组织剪碎，分别放入匀浆器中，加入0.9%氯化钠溶液(按重量:体积为1:3)，研磨成匀浆。

(2)取试管4支，编号后按表3-7所示加入试剂。

表3-7　实验操作需加入的试剂

试管号 试剂(滴)	试管			
	1	2	3	4
洛克氏溶液	15	15	15	15
0.5 M 丁酸溶液	30	—	30	30
M/15 磷酸缓冲液	15	15	15	15
肝匀浆	20	20	—	—
肌匀浆	—	—	—	20
蒸馏水	—	30	20	—
结果				

(3)将上列4支试管摇匀后，置于37 ℃恒温水浴中保温。

(4)40~50分钟后，取出各试管各加入15%三氯醋酸20滴，拌匀混合，离心5分钟(3 000 r/min)

(5)分别取出上述各试管离心液放于凹白瓷板上，各白瓷板凹内放入显色粉一小匙，观察显色反应。

【实验结果分析与问题回答】

通过实验了解酮体在＿＿＿＿＿＿＿＿＿＿＿＿生成，因为＿＿＿＿＿＿＿＿＿＿有

＿＿＿＿＿＿＿＿＿＿＿＿＿＿＿＿。酮体在＿＿＿＿＿＿＿＿＿＿＿＿＿＿＿＿＿＿＿＿利用。

实验八·转氨基作用证明

【实验目的】

了解不同组织器官的谷丙转氨酶的活性情况。

【实验原理】

丙氨酸与 a-酮戊二酸在 pH 7.4 时, 经谷丙转氨酶催化进行转氨基作用生成丙酮酸和谷氨酸。丙酮酸与 2,4-二硝基苯肼作用生成棕红色丙酮酸 2,4-二硝基苯肼, 以颜色深浅表示酶活力大小。此实验以小鼠肝脏组织和肌肉组织进行比较。

丙氨酸 +2,4-二硝基苯肼 $\xrightarrow{H_2O}$ 凹丙酮酸 2,4-二硝基苯肼。

【试剂】

(1) 谷丙转氨酶 (GPT) 基质液。

(2) 2,4-二硝基苯肼

(3) pH 7.4 缓冲液。

【器材】

乳钵体、细砂、滴管、试管 2 支和试管架、恒温水浴箱。

【操作】

(1) 将家兔处死, 即剖腹取出肝组织与大腿肌肉组织, 分别以冷 0.9% 氯化钠溶液洗去血液。分别取 10 g 新鲜肝组织和肌肉组织, 分别剪碎, 加 pH 7.4 磷酸缓冲液 10 mL 且加细砂入乳钵, 研碎匀浆后再加 pH 7.4 磷酸缓冲液 20 mL 混匀, 用棉花过滤, 此液即为肝浸液和肌肉浸提液。

(2) 试管 2 支, 编号后按表 3-8 所示需加入的试剂及其操作:

表 3-8　实验所需的试剂

管号	GPT 基质液	肝浸液	37℃ 水浴 20 分钟	2,4-二硝基苯肼	置 37℃ 水浴 20 分钟	0.4 M NaOH
1	1 mL	3 滴		10 滴		5 mL
2	1 mL			10 滴		5 mL

【实验结果分析与问题回答】

1 号试管显 ＿＿＿＿＿ 色, 2 号试管显 ＿＿＿＿＿ 色。因为 1 号试管中存在有 ＿＿＿＿＿＿＿＿＿＿, 而 2 号试管 ＿＿＿＿＿＿＿＿＿＿＿＿＿＿＿＿＿＿＿所以出现两种不同的颜色改变。

实验九·血清蛋白醋酸纤维薄膜电泳

【实验目的】
了解电泳法分离血清蛋白质的原理、操作方法及临床意义。

【实验原理】
血清中各种蛋白质的等电点不同，但大都在 pH 7 以下，将血清置于 pH 8.6 的巴比妥缓冲液，这些蛋白质均带负电荷，但各种蛋白所带电荷的多少不同。各种蛋白质的分子大小也不同，所以在电场中泳运速度也不同。清蛋白带的电荷最多，分子量最小，泳动最快。球蛋白分子大、带负电荷少则泳动慢。电泳中各种蛋白的称动距离不相同，而被分离开来。可将血清蛋白分为清蛋白、α_1 球蛋白、α_2 球蛋白、β 球蛋白、γ 球蛋白五条区带。

【试剂】
(1)巴比妥缓冲液(pH 8.6，离子强度 0.06)

(2)氨基黑 B10 染色液

(3)漂洗液

(4)0.4 M 氢氧化钠溶液

【器材】
醋酸纤维薄膜(2 cm×8 cm)、培养皿、滤纸、镊子、点样器(1 cm×4 cm 的胶片)、直尺、铅笔、电泳仪、电泳槽。

【操作】
(1)准备：先在薄纸无光泽面距一端约 1.5 cm 处外用铅笔划一直线，表示点样位置。将醋酸纤维薄膜无光泽面向下，浸入巴比妥缓冲液，待充分浸透斤，即膜条无白斑时，取出，用滤纸轻轻吸去多余的缓冲液。

(2)点样：取少量血清于普通玻璃板上，用点样器蘸取少量血.清，然后平直"印"于点样线上，待血清渗入到膜上的斑块达 1.5 cm×0.5 cm 时，移开点样器。注意用力不可过猛。在正式点样前，可在滤纸上多练习几次，再正式在膜上点样。

(3)电泳：将已点样的薄膜端靠近阴极，无光泽面向下，平整地紧贴在电泳槽支架的"滤纸桥"上。支架上事先放置好两端浸入缓冲液的四层滤纸(或脱脂纱布)做的"滤纸桥"，平衡 5 分钟后通电。

(4)通电：电压 130 V，电流为 0.4 - 0.6 mA/cm，通电 40 ~ 50 分钟，待电泳区带展开约 3.5 cm 时切断电流。

(5)染色：小心取出醋酸纤维薄膜直接浸于氨基黑 B10 染色液中 5 分钟，取出，再用漂洗液连续浸洗数次，使底色漂净为止。即得五条蛋白色带，从阳极端起依次为清蛋白、α_1 球蛋白、α_2 球蛋白、β 球蛋白、γ 球蛋白。

(6)定量

1)将醋酸纤维薄膜水分吸干后，剪下各条蛋白色带，另于空白部位置，相当于清蛋白带宽度的膜条做空白。将各蛋白色带分别浸入盛有 4 mL 0.4 M 浓度氢氧化钠溶液的试管中。振摇数次，使蓝色完全浸出。30 分钟后用 581 - G 型光电比色计比色，用 650 nm 波长的单色光射入。以空白膜条浸出液为空白对照，测出各种蛋白类的吸光度(光密度，英文缩写 OD)，登记在表 3 – 9 的空格中。

表 3 – 9　测出各种蛋白类吸光度的登记表

蛋白质	清蛋白	α_1 球蛋白	α_2 球蛋白	β 球蛋白	γ 球蛋白	共计(T)
OD						
百分比						

2)用计算公式计算血清各部分蛋白质所占的百分比，分别填入表 3 – 9 空格中。

【实验结果分析与问题回答】

(1)蛋白质在 pH 偏低的溶液中带正电荷，在 pH 偏高的溶液中带负电荷。以上实验 pH 偏低、偏高是＿＿＿＿＿＿＿＿＿＿比较而言的。

(2)根据血清蛋白醋酸纤维薄膜电泳图谱推测 5 种血清蛋白质的等电点由高到低的蛋白分别是＿＿＿蛋白 ＞ ＿＿＿蛋白 ＞ ＿＿＿蛋白 ＞ ＿＿＿蛋白 ＞ ＿＿＿蛋白。

(3)血浆蛋白的功能有＿＿＿＿、＿＿＿＿＿、＿＿＿＿＿、＿＿＿＿、＿＿＿＿、＿＿＿＿作用。

(4)血浆清蛋白的正常值是 ＿＿＿＿ g/100 mL。清蛋白浓度降低的原因有＿＿＿＿＿，＿＿＿＿＿、＿＿＿＿＿。

(5)肝炎时，肝功能损害，清蛋白(A)与球蛋白(G)比值(A/G)降低甚至比例倒置(A/G ＜1)，请用你已掌握的知识进行解释。

答：

实验十·血清尿素氮的测定

体内的蛋白质不断地分解成为氨基酸，氨基酸又进一步分解为 α – 酮酸及氨，氨在肝中合成尿素经肾排出体外。肾功能不全时，则血中尿素含量升高。

【实验目的】

复习尿素的生成及其临床意义；了解尿素氮的测定方法。

【实验原理】

血清中的尿素，在尿素试剂中与二乙酰一肟共热后，生成红色化合物，其颜色深浅在血清中尿素氮含量成正比。与同样方法处理的尿素标准液进行比较，求得其含量。

【试剂】

(1)尿素氮试剂。

(2)2%二乙酰一肟。

(3)尿素氮标准液(每100 mL 蒸馏水中含尿素氮20 mg)。

(4)尿素氮标准应用液(每毫升含 0.02 mg 尿素氮)。

【器材】

(1)试管，吸管，烧杯，容量瓶，量筒。

(2)沸水浴。

(3)光电比色计。

(4)血清。

【操作】

取试管 3 支，编号后按表 3 – 10 所提示要求加入试剂并操作。

表 3 – 10　血清尿素氮测定所需试剂及操作

试剂(mL)＼试管	空白管(1 号)	测定管(2 号)	标准管(3 号)
蒸馏水	0.1	—	—
尿素氮标准应用液	—	—	0.1
1.5 稀释血清	—	0.1	5
尿素氮试剂	5	5	5
二乙酰一肟试剂	0.5	0.5	0.5
OD			

按表 3 – 10 所示，在各试管内加入相应试剂，经充分摇匀后，置沸水浴中加热 15 分钟，用冷水冷却 5 分钟，用绿色滤光板比色，并记录入表 3 – 10 空格内，然后按以下计算式进行计算，得出血清尿素氮结果。

$$\frac{测定管\ OD}{标准管\ OD} \times 0.02 \times \frac{5 \times 100}{0.1} = \frac{测定管\ OD}{标准管\ OD} \times 10 = 尿素氮(mg)\%$$

【实验结果分析与问题回答】

（1）尿素氮测得值_____ mg% ，

（2）尿素氮正常参考值_____ mg% 。

（3）尿素合成的部位_____，关键酶_____，其机制是_____。

（4）尿素属于血液中成分_____。占非蛋白氮（NPN）总量的_____。

（5）尿素由_____排出体外。

（6）尿素氮增高有何临床意义_____

_____。

实验十一·血浆二氧化碳结合力测定(滴定法)

【实验目的】

了解用滴定法测定二氧化碳(CO_2)结合力的原理及技术操作,CO_2结合力数值反映酸碱平衡的意义。

【实验原理】

血浆中的缓冲体系以碳酸氢盐缓冲体系的缓冲能力最强。血浆中重碳酸钠($NaHCO_3$)在一定程度上可以代表血浆对固定酸的缓冲能力,故习惯上把血浆中的 $NaHCO_3$ 称为碱储。临床上常用血浆 CO_2 结合力(CO_2CP)来表示血浆碱储量。

滴定法是血浆中加入一定量的盐酸,使 $NaHCO_3$ 中的 CO_2 释放出来,再以标准碱滴定其中剩余的盐酸,由空白试管和测定试管碱滴定的差值,计算出 100 mL 血浆中释放的 CO_2 体积,此即为 CO_2 结合力。

【器材】

微量滴定管、试管。

【试剂】

(1)0.02%酚红指示剂。

(2)0.9%氯化钠溶液(必须使 pH =7)。

(3)0.01 M HCl 溶液(必须准确校正)。

(4)0.01 M NaOH 溶液(必须准确校正)。

(5)乙醚。

【操作】

取中号试管 2 支,编号后按表 3 – 11 所示加入试剂并进行操作。

(1)向 2 支试管内滴定 0.01 M NaOH 溶液至微红色(维持 15 秒钟不退色为止,准确记录 2 支试管所消耗 NaOH 的毫升数)。

表 3 – 11　血浆 CO_2CP 测定所需试剂及操作

样品及试剂	测定管(1 号)	空白管(2 号)
血浆	0.1	–
酚红指示剂	0.1	0.1
0.01 M HCl		
	充分振摇 30 秒钟	
0.9% NaCl	1.4	1.4
乙醚(防泡沫)	2(滴)	2(滴)
	静置 1 分钟	

(2)计算:设空白试管消耗的 0.01 M NaOH 毫升数为 A,测定试管消耗的 0.1 M NaOH

毫升数为 B。根据测得数据，可按以下计算式计算。

$$CO_2CP(mL/100mL) = \frac{(A-B) \times 0.2226 \times 100}{0.1}$$

这是因为根据反应式：

$$NaHCO_3 + HCL \rightarrow NaCl + H_2CO_3(H_2O + CO_2)$$

加入 0.01 M HCl 1000 mL，可使 $NaHCO_3$ 释放 1 g 分子 CO_2，在标准状况下，1 g 分子 CO_2 的体积为 22.26 L，由此可知，加入 0.01 N HCl 1 000 mL 可释放出 222.6 mL CO_2，加入 0.01 M HCl 1 mL 可释放出 0.2226 mL CO_2。

【实验结果分析及问题回答】

(1)二氧化碳结合力测得值_____ mg 当量时，相当于_____容积%。

(2)二氧化碳结合力正常参考值_____ mg 当量_____。相当于_____容积%。

(3)二氧化碳结合力是测定血浆中_____含量。

(4)严重腹泻常出现二氧化碳结合力_____。

(5)二氧化碳结合力增高常见于_____中毒，_____中毒。

(6)二氧化碳结合力降低常见于_____中毒，_____中毒。

(7)测定二氧化碳结合力应注意哪些事项？

答：

实验十二·血清钾测定（四苯硼钠比浊法）

【实验目的】

了解用四苯硼钠比浊法测定血钾的原理及操作技术，临床上测定血清钾对某些疾病诊断的意义。

【实验原理】

无蛋白血清滤液中钾离子与四苯硼钠作用，生成不溶于水的四苯硼钾，使溶液混浊，其浊度在一定范围内与钾离子的浓度成正比，故根据浊度可测定血清中钾的含量。

【器材】

光电比色计、离心机、刻度吸量管、离心管、试管。

【试剂】

(1)缓冲液(pH =8)：①0.2 M Na$_2$HPO$_4$溶液；②0.1 M 柠檬酸溶液，应用时取 0.2M Na$_2$HPO$_4$溶液 38.9 mL 加 0.1 M 柠檬酸溶液 1.1 mL 混匀即成。

(2)2% 四苯硼钠溶液

(3)钾标准应用液：每 1 mL 蒸馏水，内含钾 0.02 mg。

(4)1/24 M 硫酸溶液。

(5)5% 钨酸钠溶液

【操作】

(1)制备 1:10 无蛋白血清滤液，取血清 0.2 mL 置于离心管中，再加入 1/24 M 硫酸 1.6 mL，5% 钨酸钠 0.2 mL，边加边摇。然后放置 5~10 分钟离心沉淀。

(2)取试管 3 支编号后，按表 3 – 12 所示添加所需试剂并进行操作，混匀，用 520 nm 或绿色滤光片进行比色，以空白液试校正光密度至零点，分别读取各试管光密度并记录入表 3 – 12 空格内。

表 3 – 12　血清钾测定所需试剂量及操作

试剂	测定管	标准管	空白管
蒸馏水	—	—	1.0
钾标准应用液	—	1.0	—
无蛋白血清滤液	1.5	—	—
2% 四苯硼钠溶液	0.5	0.5	0.5
混匀，约 5 分钟			
蒸馏水	3.5	3.5	3.5
OD			

(3)计算：按以下计算式计算，得出以上实验的血清钾毫克当量数。

$$血清钾毫克当量/升 = \frac{测定管\ OD}{标准管\ OD} \times 0.02 \times \frac{100}{0.1} \times \frac{10}{39.1}$$

【实验结果分析与问题思考】

(1)测得血钾值为_____ mM/L _____毫克%。

(2)血钾正常参考值_____ mM/L _____毫克%。

(3)钾主要分布_____为细胞内_____离子。

(4)糖原合成增强时血钾_____，糖原分解增解时血钾_____。

(5)蛋白质合成增强时血钾_____。组织中蛋白质分解时血钾_____。

(6)血钾排泄特点是_____
_____
_____。

(2)血钾增高有何临床意义：_____
_____
_____。

(8)血钾降低有何临床意义：_____
_____
_____。

(9)血钾测定要注意哪些事项：_____
_____
_____。

实验十三·血清谷丙转氨酶活性测定(赖氏法)

【实验目的】

了解谷丙转氨酶活性测定的方法及临床意义。

【实验原理】

血清中谷丙转氨酶(ALT)可催化丙氨酸与 α 酮戊二酸转变成丙酮酸及谷氨酸。在一定条件下,血清谷丙转氨酶越多,则反应速度越快,生成丙酮酸也越多,丙酮酸与 2,4 - 二硝基苯肼作用生成黄色丙酮酸 - 2,4 - 二硝基苯肼,此物在碱性溶液中呈棕红色,色泽的深浅与丙酮酸的量成正比,然后,用同样方法处理的丙酮酸标准液进行比色,即可测定出谷丙转氨酶的活性。

【试剂】

(1)磷酸缓冲液(0.1M, pH 7.4)

(2)基质液。

(3)丙酮酸钠标准液(1 mL = 2 μmol)。

(4)2,4 - 二硝基苯肼溶液。

(5)0.4 N NaOH。

【器材】

(1)试管、试管架、吸管(0.05 mL, 0.1 mL, 1 mL, 5 mL)

(2)恒温水浴箱(调至 37℃)。

(3)光电比色计。

(4)血清。

【操作】

(1)标准曲线制备:取 6 支试管,编号后按表 3 - 13 所示需要的试剂并进行操作。

表 3 - 13　血清谷丙转氨酶活性测定所需试剂及操作

试管 试剂	1 号	2 号	3 号	4 号	5 号	6 号
丙酮酸标准液(mL)	0	0.05	0.1	0.15	0.20	0.25
(1 mL - 2μmol)						
丙酮酸实际含量(μmol)	0	0.1	0.2	0.8	0.4	0.5
基质液(mL)	0.5	0.45	0.40	0.35	0.30	0.5
磷酸缓冲液(mL)	0.1	0.1	0.1	0.1	0.1	0.1
相当于赖氏法酶活力单位	0	28	57	97	150	200
相当于金氏法酶活力单位	0	100	200	300	400	500
OD						

按表 3 – 13 所示，在各试管内加入相应试剂，经充分摇匀，置 37℃ 恒温水浴箱水浴 30 分钟，取出各试管加入 2, 4 – 二硝基苯肼 0.5 mL，再置 37℃ 恒温水浴箱水浴 20 分钟，取出各试管再加入 0.4 N NaOH 5 mL，静置 10 分钟。用绿色滤光片比色，用蒸馏水校正零点。读取光密度，以各试管减去空白的光密度值为纵坐标，以相当转氨酶活力为横坐标，绘制标准曲线。

（2）酶活性的测定：取 2 支试管编号后，按表 3 – 14 所示操作：

表 3 – 14　酶活性测定所用试剂及操作

试剂（mL）	测定管（1 号）	空白管（1 号）
血清	6.1	0.1
基质液	0.5	—
摇匀，37℃ 水浴保温 30 分钟		
2,4 – 二硝基苯肼	0.5	0.5
基质液	–	0.5
摇匀，37℃ 水浴保温 20 分钟		
0.4 N NaOH	5	8
OD		

按表 3 – 14 所示，在各试管内加入相应试剂，经充分摇匀，静置 10 分钟，用绿色滤光板比色，蒸馏水调零，用测定管 OD 值减去空白管 OD 值，查标准曲线，得出酶活力。

【实验结果分析与问题回答】

（1）血清谷丙转氨酶测得值＿＿＿＿＿＿单位。

（2）正常谷丙转氨酶参考值＿＿＿＿＿＿。

（3）谷丙转氨酶主要分布＿＿＿＿＿＿组织细胞。其含量最高的为＿＿＿＿＿＿。

（4）患急性肝炎时，血清谷丙转氨酶活性＿＿＿＿＿＿＿＿＿＿。

（5）血清谷丙转氨酶于＿＿＿＿＿＿＿＿＿＿。

（6）测定血清谷丙转氨酶注意事项有＿＿＿＿＿＿＿＿＿＿＿＿。

实验十四·尿中胆红素、尿胆素原及尿胆素检验

尿中的胆红素、尿胆素原、尿胆素，三者统称尿三胆。尿胆素由尿胆素原氧化而来。尿中"三胆"的排出和体内胆色素代谢密切相关。正常尿中的尿胆素原、胆素含量很少，无胆红素，通过"尿三胆"检查，有助于各种黄疸的鉴别诊断。

【实验目的】

了解尿三胆试验方法，掌握尿三胆检验的临床意义。

【实验原理】

用碘氧化胆红素，使之成为绿色的胆绿素，尿胆素原在酸性溶液中与对应的二甲氨基苯甲醛作用，发生醛化反应形成红色化合物，尿胆素原经碘氧化成尿胆素，可与锌离子形成一种具有绿色荧光的复合物。

【试剂】

(1)革兰碘液。

(2)醛试剂。

(3)醋酸锌醇饱和液。

(4)10%氯化钙溶液或10%氢化钡溶液。

【器材】

吸管、试管、滴管、试管架、量筒，漏斗、滤纸。

【操作】

1. 尿胆红素的检查

加 2 mL 被检者尿液于试管中，沿管壁轻轻加入革兰碘液 0.5 mL，盖于尿面，静置 10 分钟，试管内两液界面处有绿色环即为尿胆红素阳性，如 10 分钟后仍不出现绿色环为阴性。

2. 尿胆素原的检查

(1)被检者尿液必须不含尿胆红素，如含尿胆红素应对尿液先加 10% 氯化钙溶液或 10% 氯化钡溶液 1 份与 4 份尿液混合，过滤去除沉淀，取上清液备用。

(2)取新鲜尿液(或去胆红素上清液)5 mL 于试管中，加入醛试剂 0.5 mL，混合。

(3)室温下静置 10 分钟，观察反应，观察时试管底衬一白纸，沿试管口向下看。

(4)尿液中含有正常的尿胆素原，则显淡紫红色，超过此颜色时，将尿液稀释成1:10，1:20，……1:160 后，再按上述方法试验，结果以稀释倍数最高而仍显淡紫红色的那支试管为准，稀释度 1:20 以下者为阴性，稀释度 1:20 以上者为阳性。尿胆素原的增加往往发生在明显黄疸出现之前，故可作为早期诊断的一种简易方法。

(5)注意事项：①测尿胆素原时要取新鲜尿液，尿液最好尽快检验，否则易氧化；②碱性尿液应加盐酸使之成为酸性尿，否则加醛试剂后产生混浊。

3. 尿胆素检验

(1)去胆红素方法与尿胆素原检验方法相同。

(2)于 5 mL 不含尿胆红素的尿液中加入革兰碘液数滴。

(3)加入醋酸锌醇饱和液 5 mL，混合后过滤，获取滤液。

(4)将滤液在黑色背景上以直射光线从侧面照射，观察如有绿色荧光，即为 p1 真性。

【实验结果分析与问题回答】

(1)正常尿胆红素_____尿胆素原_____尿胆素_____。

(2)尿三胆有何临床意义：①_____。

②_____。

(3)三种黄疸的鉴别：

答：

实验十五·尿糖定性实验

【实验原理】

葡萄糖具有还原性,在高温及碱性条件下能将班氏试剂中蓝色的二价铜离子还原成砖红色的氧化亚铜而沉淀。在尿液中加入班氏试剂,加热煮沸后,根据颜色的变化及沉淀的多少,可以判断尿液中葡萄糖的大概含量。

【实验操作】

用滴管吸取班氏试剂1 mL(20滴)于试管内,加热煮沸,若不变色;则可加入新鲜尿液0.1 mL(2滴),再煮1~2分钟,观察结果。

尿糖定性结果判断:

阴性(-):试剂不改变颜色,如果尿标本中含磷酸盐过高,可呈蓝色浑浊:

微量(±):冷却后溶液呈绿色,无沉淀,含糖量低于5.5 mmol/L;

少量(+):黄绿色浑浊,冷却后管底有少量沉淀,含糖量低于5.5~27.8 mmol/L:

中等量(++):煮沸1分钟即呈现黄绿色浑浊反应,含糖量27.8~55 mmol/L,

大量(+++)煮沸15秒即出现土黄色沉淀,含糖量55~111.1 mmol/L

超大量(++++):煮沸时即出现大量砖红色沉淀,含糖量大于111.1 mmol/L;

【思考题】

临床上做尿糖定性试验有何意义?

答:

实验十六·尿酮定性实验

【实验原理】

含酮体的尿液加入亚硝基铁氰化钠后，可生成紫红色化合物，根据颜色出现的快慢和颜色的深浅判断为：阴性、弱阳性、阳性、强阳性。

【操作】

于凹玻片凹孔内加入一匙酮体试剂粉(0.2～0.3 g)，再滴加新鲜尿液于粉剂上(完全浸湿为止)。

尿酮定性结果判断：

(1)阳性：5分钟内不出现紫色或仅出现黄色。

(2)弱阳性：5分钟内出现紫色或淡紫红色。

(3)阳性：5分钟内出现紫红色。

(4)强阳性：加入后很快出现紫色，且红色较为明显。

【思考题】

临床上做尿酮定性试验有何意义？

答：

实验十七·尿蛋白定性实验

【实验原理】

加热可使蛋白质变性凝固，加酸可使蛋白质接近等电点气促使蛋白质沉淀，并可溶解尿中碱性盐类。

【操作】

(1)取大试管2支，加入约5 mL新鲜清晰尿液。

(2)将试管斜置在火焰上，煮沸上部尿液；滴加5%醋酸3~4滴后，再煮沸，立即观察结果，如有浑浊或沉淀，提示尿内含有蛋白质。

尿蛋白定性结果判断：

阴性(-)：不显浑浊。

微量(±)：在黑色背景下呈现轻微浑浊。

弱阳性(+)：显明显自零状，含蛋白质为0.1~0.5 g/L；

阳性(++)：呈浑浊，有明显颗粒，含蛋白质为0.5~2.0 g/L；

强阳性(+++)：大量絮片状沉淀、浑浊，含蛋白质为2.0~5.0 g/L；

极强阳性(++++)：出现凝块并有大量絮片状沉淀，含蛋白质>5.0 g/L。

【思考题】

临床上做尿蛋白定性试验有何意义？

答：

第四章　生化技术实验

实验一·血红蛋白及其衍生物的吸收光谱测定

【实验目的】

通过本实验掌握利用分光光度计分别测定不同物质的原理。

【实验原理】

当光线通过某种物质的溶液时，此物质能选择地吸收某特定波长的光波，从而得到该物质所特有的吸收光谱。不同的物质有不同的吸收光谱，根据吸收光谱可以鉴别溶液中的物质。

血红蛋白（Hb）与 O_2 结合生成氧合血红蛋白（HbO_2），在 HbO_2 溶液中加入少量低亚硫酸钠（$Na_2S_2O_4$）粉末，可使 HbO_2 脱氧变为 Hb。血红蛋白与 CO 结合（如煤气中毒时）生成碳氧血红蛋白（HbCO）。若用氧化剂如高铁氰化物使 Hb 中的亚铁氧化，则生成高铁血红蛋白（Met Hb）。Hb、HbO_2、HbCO、MetHb 的结构有所不同，它们的吸收光谱也各异。

本实验利用分光光度计分别测定不同波长的光线通过 Hb、HbO_2、HbCO、MetHb 溶液时的吸收光谱，以光的波长为横坐标，相应的吸光度为纵坐标，绘制 Hb、HbO_2、HbCO、MetHb 的吸收光谱曲线。

【试剂】

（1）低亚硫酸钠（$Na_2S_2O_4$）粉末。

（2）10% 高铁氰化钾溶液。

（3）一氧化碳源：用煤气或一氧化碳发生器。

【操作】

1. 制备样品

（1）Hb 溶液的制备：取含有纤维蛋白的血液2滴，加蒸馏水25 mL，再加少量 $Na_2S_2O_4$ 粉末（量不宜多），混匀。此液为暗红色。

（2）HbO_2 溶液的制备：取含有纤维蛋白的血液2滴，加蒸馏水25 mL，充分混匀。此液为鲜红色。

（3）HbCO 溶液的制备：用比色杯盛适量 Hb 溶液，在通风柜中接通 CO 源，使其中的 Hb 变成 HbCO，密封此比色杯顶部。

（4）MetHb 溶液的制备：取4 mL Hb 溶液，加入2滴10%高铁氰化钾溶液。

2. 测定吸收光谱

分别取上述溶液盛于4支比色杯内，另取1支比色杯盛蒸馏水作为空白液杯，在波长 $500\sim600$ nm 范围内，每隔5 nm 测一次吸光度，在接近吸收高峰时，可每隔2 nm 测一次。每调一次波长，必须重新校正零点，再测吸光度。根据所测结果，绘出 Hb、HbO_2、HbCO、

MetHb 的吸收光谱曲线。在波长 500～600nm 范围内，Hb、HbO$_2$、HbCO、MetHb 的最大吸收波长为：

Hb	555nm	
HbO$_2$	577nm	541nm
HbCO	70nm	535nm
MetHb	500nm	

【注意事项】

(1)每支比色杯内溶液必须充分混匀。

(2)每一波长重复测 3 次，取平均值绘制吸收光谱曲线。

【思考题】

1.何谓吸收光谱？测定吸收光谱曲线有何意义？

答：

2.分光分析的基本原理是什么？分光光度法比光电比色法有何优点？

答：

实验二·核酸溶液的紫外吸收测定

【实验目的】

(1)通过本次实验,了解紫外吸收法测定核酸溶液浓度的原理和操作方法。

(2)进一步熟悉掌握紫外分光光度计的使用方法。

【实验原理】

核酸、核苷酸及其衍生物都具有共轭双键系统,能吸收紫外光。其吸收高峰在 260 nm 波长处。一般在 260 nm 波长紫外光处,每毫升含有 1 μg RNA 溶液的光吸收值约为 0.024,每毫升含有 1 μg DNA 溶液的光吸收值约为 0.020,故测定 260 nm 波长下的光吸收值即可计算出其中核酸的含量。

还可以通过测定 260 nm 和 280 nm 吸光度的比值(A260/A280)估算 RNA/DNA 的纯度,RNA 的比值为 2,若小于此值,表明可能存在有蛋白质污染。DNA 的比值为 1.8,若小于此值,表明可能存在有蛋白质污染。

【试剂】

(1)5% ~6% 氨水:取 25% ~30% 氨水用蒸馏水稀释 5 倍。

(2)钼酸铵 – 过氯酸溶液(沉淀剂):在 193 mL 蒸馏水中加入 7 mL 过氯酸和 0.5g 钼酸铵,即配成 200 mL 0.25% 钼酸铵 – 过氨酸溶液。

(3)测试样品:RNA 或 DNA 干粉(核酸样品)。

【器材】

分析天平、离心机、离心管、容量瓶、紫外分光光度计、吸管、冰浴或冰箱、烧杯、试管及试管架等。

【操作】

(1)用分析天平准确称取待测的核酸样品 500 mg,加入少量蒸馏水调成糊状,再加入少量的蒸馏水稀释。然后,用 5% ~6% 氨水调置该样品至 pH 7 定容到 50 mL。形成核酸样品溶液。

(2)用紫外分光光度计测定 260 nm 波长时该溶液的光吸收值。

(3)计算:将以上数据按下列计算式进行计算。

$$RNA\ 浓度(μg/\ mL) = \frac{A_{260}}{0.024 \times L} \times N$$

$$DNA\ 浓度(μg/\ mL) = \frac{A_{260}}{0.020 \times L} \times N$$

式中,A_{260} 为 260nm 波长处光吸收读数;L 为比色杯的厚度为 1 cm;N 为稀释倍数;0.024 为每毫升溶液内含 1 μg RNA 的 A 值;0.020 为每毫升溶液内含 1 μg DNA 的 A 值。

【注意事项】

如果待测的核酸样品中含有酸溶性核苷酸或可透析的低聚多核苷酸,则在测定时需加入钼氨酸 – 过氯氨酸沉淀剂,沉淀除去大分子核酸,测定上清液 260nm 波长 A 值作为对照。

（1）取 2 支离心管，分别编号。向第 1 支离心管内加入 2 mL 样品溶液和 2 mL 蒸馏水；向第 2 离心管内加入 2 mL 样品溶液和 2 mL 沉淀剂，以除去大分子核酸作为对照。混匀，在冰浴或冰箱中放置 30 分钟后离心（3 000 r/min，离心 10 分钟）。从第 1 管、第 2 管中分别吸取 0.5 mL 上清液，用蒸馏水定容到 50 mL。

（2）用半径为 1cm 的石英比色杯，于 260nm 波长处测定其光吸收值（A_1，和 A_2）

（3）计算：将以上数据按下列计算式进行计算。

$$RNA \text{ 或 } DNA \text{ 浓度}(\mu g/mL) = \frac{A_1 - A_2}{0.024(0.020) \times L} \times N$$

【思考题】

1. 干扰本实验的物质有哪些？如何设计排除这些干扰物的实验？

答：

2. 如何求出本实验中所测定核酸溶液的百分含量？

答：

实验三·蛋白质溶液的紫外吸收测定

【实验目的】

(1)学习并掌握紫外线吸收法测定蛋白质含量的原理和方法。

(2)了解紫外分光光度计的构造原理,掌握它的使用方法。

【实验原理】

蛋白质分子中普遍含有酪氨酸和色氨酸残基,由于这两种氨基酸分子中的苯环含有共轭双键,因此,蛋白质具有吸收紫外线的性质,最高吸收峰在 280 nm 波长处,在此波长范围内,蛋白质溶液的光吸收值(A_{280})与其含量成正比关系,可用作蛋白质定量测定。

由于核酸在 280 nm 的光吸收,通过计算可消除其对蛋白质测定的影响,因此,溶液中存在核酸时必需同时测定 280 nm 及 260 nm 之光密度,方可通过计算测得溶液中的蛋白质浓度。

利用紫外光吸收法测定蛋白质含量的优点是:迅速、简便、不消耗样品,低浓度盐类不干扰测定。因此,在蛋白质和酶的生化制备中(特别是在柱色谱分离中)广泛应用。此法的缺点是:①对于测定那些与标准蛋白质中酪氨酸和色氨酸含量差异较大的蛋白质,有一定的误差;②若样品中含有嘌呤、嘧啶等紫外线的物质,则会出现较大的干扰。

不同的蛋白质和核酸的紫外吸收是不同的,即使经过校正,其测定结果也还存在一定的误差,但可作为初步定量的依据。

【试剂】

(1)标准蛋白质溶液:准确称取经微量凯氏定量法校正的标准蛋白质,配置成浓度为 1 mg/mL 的标准蛋白质溶液。

(2)待测蛋白质溶液:将蛋白配制成浓度约为 1 mg/mL 的待测蛋白质溶液。

【器材】

紫外分光光度计、试管和试管架、吸量管等

【操作】

1.标准曲线法

(1)标准曲线的绘制:取 8 支试管,分别编号后,按表 4 – 1 所示分别向每支试管加入各种试剂后,摇匀。选用光径为 1cm 的石英比色杯,以第 1 管为空白管调零,在 280nm 波长处分别测定各试管溶液的 A_{280} 值。以 A_{280} 值为纵坐标,蛋白质浓度为横坐标,绘制出蛋白的标准曲线。

表 4 – 1　蛋白质溶液紫外线吸收标准曲线绘制所需试剂及操作

试剂 ＼ 试管	1	2	3	4	5	6	7	8
标准蛋白质溶液	0	0.5	1.0	1.5	2.0	2.5	3.0	3.5
蒸馏水	4.0	3.5	3.0	2.5	2.0	1.5	1.0	0.5
待测蛋白质溶液浓度	0	0.125	0.250	0.375	0.500	0.625	0.750	1.00
A_{280}值								

(2)样品测定:取待测蛋白质溶液 1 mL,加入蒸馏水 3 mL,摇匀;按上述方法分别在 280 nm 波长处测定光吸收值,并从标准曲线上查出经稀释的待测蛋白质浓度。

2. 其他方法

(1)当被测溶液中含有核酸或核苷酸时,这些物质在 280 nm 时也有较大的光吸收,但峰值在 260 nm 处时,此时可用下面的 Lowry-Kalokar 经验公式直接计算出溶液中的蛋白质浓度:

$$蛋白质浓度(mg/mL) = 1.45A_{280} - 0.74A_{260}$$

式中:A_{280} 是蛋白质溶液在波长 280 nm 下测得的吸光度(A)值。

此外,还可用校正因子计算溶液中蛋白质含量。Warburg 和 Christian 以结晶的酵母烯醇化酶和纯化的酵母核苷作为标准,对有核酸存在时所造成的误差作出一个校正表(表 4 -2),也可先计算出各样品的 A_{280}/A_{260} 的比值后,从表 4 -2 中查出校正因子"F"值,同时可查出样品中混杂的核酸的百分含量,将"F"值代入下面的经验公式,即可直接计算出该溶液的蛋白质浓度。

$$蛋白质浓度(mg/mL) = F \times l/d \times A_{280} \times N$$

式中:A_{280} 为该溶液在 280 nm 波长下测得的光吸收值;d 为石英比色杯的厚度(cm);N 为溶液的稀释倍数。

表 4 -2　紫外吸收法测定蛋白质含量的校正因子

A_{280}/A_{260}	核酸(%)	因子(F)	A_{280}/A_{260}	核酸(%)	因子(F)
1.75	0.00	1.116	0.846	5.50	0.656
1.63	0.25	1.081	0.822	6.00	0.632
1.52	0.50	1.0954	0.804	6.50	0.607
1.40	0.78	1.023	0.784	7.00	0.585
1.36	1.00	0.994	0.767	7.50	0.565
1.30	1.25	0.970	0.753	8.00	0.545
1.25	1.50	0.944	0.730	9.00	0.508
1.16	2.00	0.899	0.705	10.00	0.478
1.09	2.50	0.852	0.671	12.00	0.422
1.03	3.00	0.814	0.644	14.00	0.377
0.979	3.50	0.776	0.615	17.00	0.322
0.939	4.00	0.743	0.595	20.00	0.278
0.874	5.00	0.682			

注:一般纯蛋白质的光吸收比值(A_{280}/A_{260} 约 1.8,而纯核酸的比值约为 0.5)。

(2)对于稀蛋白质溶液,还可用 215nm 和 225nm 的吸收差测定浓度。蛋白质含量的标准曲线即可求出浓度。

$$吸收差 \Delta A = A_{215} - A_{225}$$

式中 A_{215} 和/A_{225} 分别为该溶液在 215nm 和 225nm 波长下测得的光吸收值。

（3）如果已知某一蛋白质在 280nm 波长处的吸收值 $[A_1^{1\%}\ cm]$，则取该蛋白质溶液于 280 nm 处测定光吸收值后，便可直接求出蛋白质的浓度。

【注意事项】

（1）270~290 nm 紫外法对测定蛋白质中酪氨酸和色氨酸含量差异较大的蛋白质溶液，有一定的误差。

（2）本法需用高质量的石英比色杯。

（3）紫外分光光度计使用前需对其波长进行校正。

（4）注意溶液的 pH，这是由于蛋白质紫外吸收峰会随 pH 值改变而变化。

（5）受非蛋白质因素的干扰严重，除核酸外，游离的色氨酸、酪氨酸、尿酸、核苷酸、嘌呤、嘧啶和胆红素等均有干扰。

【思考题】

（1）若样品中含有干扰测定的杂质，应如何校正实验结果？

答：

（2）标准曲线蛋白质测定法与其他测定蛋白质含量法相比，有何优点？

答：

实验四 · SDS – PAGE 分离蛋白质

【实验目的】

(1)强化学生对电泳基本原理的理解与记忆。

(2)熟记聚丙烯酰胺凝胶电泳分离蛋白质的基本原理并学会操作。

(3)与醋酸纤维素薄膜电泳比较,了解聚丙烯酰胺凝胶电泳分离蛋白质的优点。

【实验原理】

聚丙烯酰胺凝胶(PAG)是一种人工合成的凝胶,它是由丙烯酰胺(Acr)和交联剂亚甲基双丙烯酰胺(Bis)在催化剂作用下,聚合交联而成的含有酰胺基侧链的脂肪族大分子化合物。聚合反应常用的催化剂有过硫酸铵及核黄素。为了加速聚合,在合成凝胶时还加入四甲基乙二胺作为加速剂。聚丙烯酰胺凝胶具有网状立体结构,且可通过控制 Acr 的浓度或 Acr 与 Bis 的比例合成不同孔径的凝胶,以适用于分子大小不同的物质的分离,还可以结合解离剂十二烷基硫酸钠(SDS)以测定蛋白质亚基分子量。

根据凝胶各部分缓冲液的种类及 pH 值及孔径大小是否相同等,可分为连续系统和不连续系统聚丙烯酰胺凝胶电泳(PAGE)。在连续系统中,各部分均相同,在不连续系统则不同。不连续系统的优点在于:对样品的浓缩效应好,能在样品分离前就将样品浓缩成极薄的区带,从而提高分辨率。若样品浓度大、成分简单时,用连续系统也可得到满意的分离效果。不连续系统的聚丙烯酰胺凝胶电泳具有较高的分辨率,主要是由于其具有浓缩效应、电荷效应和分子筛效应。

1. 浓缩效应

凝胶由两种不同的凝胶层组成。上层为浓缩胶,下层为分离胶。浓缩胶为大孔胶,缓冲液 pH 6.7,分离胶为小于 L 胶,缓冲液 pH 8.9。在上下电泳槽内充以 Tris – 甘氨酸缓冲液(pH 8.3),这样便形成了凝胶孔径和缓冲液 pH 值的不连续性。在浓缩胶中 HCl 几乎全部解离为 Cl^- 但只有极少部分甘氨酸解离为 $H_2NCH_2COO^-$。蛋白质的等电点一般在 pH5 左右,在此条件其解离度在 HCl 和甘氨酸之间。当电泳系统通电后,这 3 种离子同向阳极移动。其有效泳动率依次为:Cl > 蛋白质 > $H_2NCH_2COO^-$,故 Cl^- 称为快离子,而 $H_2NCH_2COO^-$ 称为慢离子。电泳开始后,快离子在前,在它后面形成一离子浓度低的区域即低电导区。电导与电压梯度成反比,所以低电导区有较高的电压梯度。这种高电压梯度使蛋白质和慢离子在快离子后面加速移动。在快离子和慢离子之间形成一个稳定而不断向阳极移动的界面。由于蛋白质的有效移动率恰好介于快慢离子之间,因此蛋白质离子就集聚在快慢离子之间被浓缩成一狭窄带。这种浓缩效应可使蛋白质浓缩数百倍。

2. 电荷效应

样品进入分离胶后,慢离子甘氨酸全部解离为负离子,泳动速率加快,很快超过蛋白质,高电压梯度随即消失。此时,蛋白质在均一的外加电场下泳动,但由于蛋白质分子所带的有效电荷不同,使得各种蛋白质的泳动速率不同而形成一条条区带。但在十二烷基硫酸钠聚丙烯酰胺凝胶电泳(SDS – PAGE)中,由于 SDS 这种阴离子表面活性剂以一定比例和蛋白质结合成复合物,使蛋白质分子带负电荷,这种负电荷远远超过了蛋白质分子原有的电荷差别,从而降低或消除了蛋白质天然电荷的差别;此外,由多亚基组成的蛋白质和

SDS 结合后都解离成亚单位,这是因为 SDS 破坏了蛋白质氢键、疏水键等非共价键。与
SDS 结合的蛋白质的构型也发生变化,在水溶液中 SDS – 蛋白质复合物都具有相似的形
状,使得 SDS – PAGE 电泳的泳动率不再受蛋白质原有电荷与形状的影响。因此,各种
SDS – 蛋白质复合物在电泳中不同的泳动率只反映了蛋白质分子量的不同。

3. 分子筛效应

各种蛋白质分子由于分子大小和构象不同,因而在通过一定孔径的分离胶时所受的摩
擦力不同,表现出不同的泳动率,因而被分开。即使蛋白质所带的净电荷相似,也会由于
分子筛效应被分开。

Acr 与 Bis 的浓度和交联度可以决定:凝胶的透明度,黏度和弹性,机械强度和孔径大
小。通常用 T 表示两种单体的总百分浓度,即 100 毫升溶液中两种单体的克数;C 表示交
联剂(Bis)重量占总单体重量的百分数。不同浓度单体对凝胶性质有影响:当 Acr < 2% ,
Bis < 0.5% 时,单体不能凝胶化;两者均增加,则胶硬而脆而且不透明;两者均减小,则凝
胶软而有弹性。由于两个极端都不好,因此,在增加 Acr 的浓度的同时,应适当降低 Bis 的
浓度。在 5% ~20% 的范围内,T 和 C 的数值可按下式选择:C = 6.5 – 0.3T。

聚丙烯酰胺凝胶很少带有离子的侧基,电渗作用小,对热稳定,机械强度大,富有弹
性,所以是区带电泳的良好介质。利用 SDS 不连续聚丙烯酰胺凝胶电泳测分子量,结果准
确,重复性好,其分辨率至少在 ±10% 。

本实验采用 SDS – PAGE 对血清蛋白进行分离,考马斯亮蓝 R – 250 染色,经脱色后,
观察其组成和相对含量(血清蛋白通过 SDS – PAGE 一般可分离出 12 ~16 条区带)。

【试剂】

(1)30% 聚丙烯酰胺储存液(Acr∶Bis = 29∶1)

(2)10% SDS。

(3)10% 过硫酸铵。

(4)TEMED(四甲基乙二胺)。

(5)2% 溴酚蓝。

(6)固定液:12.5% 的三氯醋酸。

(7)染色液:称取考马斯亮蓝 R250 0.5g,加入 95% 乙醇 90 mL,冰醋酸 10 mL,用时用
蒸馏水稀释 4 倍。

(8)脱色液:冰醋酸 38 mL,甲醇 125 mL,加蒸馏水至 500 mL。

(9)2 × 上样缓冲液:20% 甘油,1/4 体积浓缩胶缓冲液,2% 溴酚蓝。

(10)分离胶缓冲液(1.5 M Tris – HCl 缓冲液 pH 8.9):称取 Tris 36.3g 加入 1 M HCl
48 mL,再加入蒸馏水至 100 mL。

(11)浓缩胶缓冲液(0.5M Tris – HCl 缓冲液 pH 6.7)

(12)电极缓冲液:称取甘氨酸 28.8 g 及 Tris 6.0 g 加蒸馏水至 1000 mL,调 pH 至 8.3。

【器材】

垂直板电泳装置、微量加样器、可调式取液器、滴管。

【操作】

(1)配胶:①安装垂直板电泳装置,用琼脂糖封住底边及两侧;②制备十二烷基硫酸
钠聚丙烯酰胺凝胶(SDS – PAGE)。

1)7.5%分离胶：

30%聚丙烯酰胺储存液	2.5 mL
ddH$_2$O	4.8 mL
分离胶缓冲液(pH 8.8)	2.5 mL
10% SDS	0.1 mL
10%过硫酸铵	0.1 mL

混匀后加入4 μl TEMED，立即混匀，灌入安装好的垂直板中，至距离槽沿3cm处立即在胶面上加盖一层双蒸水，静置，持凝胶聚合后(约20分钟)，去除水相，然后用吸水纸吸干残余的液体。

2)配制5%浓缩胶：

30%聚丙烯酰胺储存液	0.33 mL
ddH$_2$O	1.40 mL
1.0 M Ttris－HCl(pH 6.7)	0.25 mL
10% SDS	0.02 mL
10%过硫酸铵	0.02 mL

混匀后加入2 μL TEMED，立即混匀，灌入垂直板中至玻璃板顶部0.5 cm处，插入梳子，避免混入气泡，静置，待胶聚合后，加入电极缓冲液，拔去梳子。

(2)样品预处理：取20 μL样品加入20 μL 2×上样缓冲液，置100℃沸水中煮2分钟。

(3)上样：每孔加入20 μL样品。

(4)电泳：接通电源，将电压调至80 V。当溴酚蓝进入分离胶后，把电压提高到150 V，电泳至溴酚蓝距离胶底部1 cm处，停止电泳。

(5)固定：取下凝胶，置于固定液中，轻轻振摇20分钟，倒去固定液。

(6)染色与脱色：倒入50 ℃~60 ℃预温的染色液浸没凝胶，染色约30分钟。回收染色液，用清水冲洗掉凝胶上多余的染色液。

倒入脱色液，轻摇2小时左右，其间换脱色液2~3次。

【注意事项】

(1)聚丙烯酰胺有神经毒性，可经皮肤、呼吸道等吸收，故操作时一定要注意防护。

(2)蛋白加样量要合适，加样量太少，条带不清晰；加样量太多，则泳道超载，条带过宽而重叠，甚至覆盖至相邻泳道。

(3)对多种蛋白而言，电流大则电泳条带清晰，但电流过大，玻璃板会因受热而破裂。

(4)过硫酸铵溶液最好为当天配置，冰箱里储存也不能超过1周。

【思考题】

(1)该实验中是如何去除蛋白间电荷效应的？

答：

（2）使 SDS – PAGE 具有高分辨率的三个因素是什么？

答：

实验五·蛋白质定量测定（Folin – 酚试剂法）

【实验原理】

目前实验室多采用 Folin – 酚试剂测定法（又名 Lowry 法）测定蛋白质含量。此方法的特点是：灵敏度高，比紫外方法高一个数量级，比双缩脲方法高两个数量级，但操作稍微麻烦。反应约在 15 分钟有最大显色，并至少可稳定几个小时。其不足之处是：干扰因素较多，最主要的是有较多种类的物质会影响测定结果的准确性。

Folin – 酚试剂法的原理主要是因蛋白质中含有酚基的氨基酸，可与酚试剂中的磷钼钨酸作用产生蓝色化合物，其颜色深浅与蛋白含量成正比。

【试剂】

（1）碱性铜溶液配制：

　　1）甲液：$NaCO_3$ 2 g 溶于 0.1 mol/L NaOH 100 mL 溶液中。

　　2）乙液：$CuSO_4 \cdot 5H_2O$ 0.5g 溶于 1% 酒石酸钾 100 mL 溶液中。

取甲液 50 mL，乙液 1 mL 混合，形成碱性铜溶液，此溶液只能临用前配制。

（2）酚试剂配制：取 $NaWO_4 \cdot 2H_2O$ 100g 和 $NaMoO_3 \cdot 2H_2O$ 25 g，溶于蒸馏水 700 mL 中，再加 85% H_3PO_4 50 mL 和 HCl（浓）100 mL，将上物混匀后，置 1500 mL 圆底烧瓶中温和地回流 10 小时再加硫酸锂（$LiSO_4 \cdot H_2O$）150 g，蒸馏水 50 mL 及溴水数滴，继续至沸腾 15 分钟，以除去剩余的溴。冷却后稀释至 1 000 mL，然后过滤，溶液应呈黄色（如绿色者不能用），置于棕色瓶中保存。使用标准 NaOH 滴定，以酚酞为指示剂，而后稀释约 1 倍，使最后浓度为 1 mol/L。

（3）标准蛋白质溶液（0.1 mg/mL）：准确称取 10 mg 牛血清蛋白，在 100 mL 容量瓶中加 0.9% 氯化钠溶液至刻度。然后分装，放于 20℃ 冰箱保存。

【操作】

（1）标准曲线的制备：取 6 支试管，分别编号后按表 4 – 3 所示操作，在试管中分别加入 0（空白管）、0.2 mL、0.4 mL、0.6 mL、0.8 mL、1 mL 标准蛋白溶液，用 0.9% 氯化钠溶液补足到 1 mL。向各试管内加入 5 mL 的碱性铜试剂，混匀后室温（25℃）放置 20 分钟后，再加入 0.5 mL 酚试剂混匀。

表 4 – 3　蛋白质定量测定时标准曲线制作所需试剂及操作

试剂＼试管	1	2	3	4	5	6
标准蛋白质溶液（mL）	0	0.2	0.4	0.6	0.8	1.0
0.9% NaCI（mL）	1.0	0.8	0.6	0.4	0.8	0
碱性铜试剂（mL）	5	5	5	5	5	5
混匀后室温（25℃）放置 20 分钟						
酚试剂（mL）	0.5	0.5	0.5	0.5	0.5	0.5

　　30 分钟后，以第 1 试管为空白管，在 650 nm 波长比色，读出吸光度，以各管的标准蛋白浓度为横坐标，以其吸光度为纵坐标绘出标准曲线。

　　(2)血清蛋白质测定：稀释血清(或其他蛋白样品溶液)，方法是准确吸取 0.1 mL 血清，置于 50 mL 容量瓶中，用 0.9% 氯化钠溶液稀释至刻度(此为稀释 500 倍，对其他蛋白样品酌情而定)。再取 3 只试管，分别标以 1 号、2 号、3 号，按表 4 - 4 所示操作。

表 4 - 4　血清蛋白质测定所需试剂及操作

试剂 ＼ 试管	测定管(1 号)	标准管(2 号)	空白管(3 号)
稀释标本(mL)	1.0	—	—
稀释标准液(mL)	—	1.0	—
0.9% NaCl(mL)	—	—	1.0
碱性铜液(mL)	5.0	5.0	2.0
混匀后室温(25℃)放置 20 分钟			
酚试剂(mL)	0.5	0.5	0.5

　　加入试剂后混匀各试管，30 分钟后，在波长 650 nm 比色，读取吸光度。

　　(3)计算

　　1)以测定管读数查找标准曲线，求得血清蛋白质含量。

　　2)无标准曲线时，可以与测定管同样操作的标准管按以下计算式计算蛋白质含量

$$血清蛋白质含量(g\%) = \frac{A_样}{A_标} \times 0.1 \ mg \times \frac{100 \ mL \times 500}{1 \ mL \times 1000} = \frac{A_样}{A_标} \times 5$$

【注意事项】

　　(1)Tris 缓冲液、蔗糖、硫酸铵、酚类、柠檬酸以及高浓度的尿素、胍、硫酸钠、三氯乙酸、乙醇、丙酮等，均会干扰 Folin - 酚试剂方法的反应。

　　(2)当酚试剂加入后，应迅速摇匀(加 1 管，摇 1 管)以免出现浑浊。

　　(3)由于这种呈色化合物组成尚未确定，它在可见红光区呈现较宽吸收峰区。不同书籍记载选用不同波长，有选用 500 nm 或 540 nm 波长的，有选用 640 nm，700 nm 或 750 nm 波长的。选用较高波长，样品呈现较大的光吸收。本实验选用波长为 650 nm。

实验六·凝胶等电聚焦分离血清蛋白质

【实验目的】

熟悉等电聚焦电泳的原理和操作技能。

【实验原理】

以聚丙烯酰胺为支持介质，利用两性电解质载体（ampholine）在电场中构成的 pH 梯度，将具有两性电离的待分离血清样品中的各蛋白质成分，聚焦在与它们各自等电点相对应的 pH 区带中，从而达到高分辨力的分离效果。

【试剂】

（1）聚丙烯酰胺（acrylic，Acr）。

（2）双丙烯酰胺（bisacrylamide，Bis）。

（3）0.08% N，N，N′，N′，−四甲基乙二胺（TEMED）

（4）40% Ampholine 溶液（pH 3~10）。

（5）0.04% 过硫酸铵（$(NH_4)_2S_2O_8$），临用时配制。

（6）40% 蔗糖溶液。

（7）饱和 NaOH 溶液。

（8）H_3PO_4（15 M）溶液。

（9）三氯醋酸。

（10）溴酚蓝。

（11）新鲜血清。

（12）重蒸馏水（ddH_2O）。

（13）无水乙醇。

（14）冰醋酸。

（15）25% Acr 溶液和 1% Bis 溶液。

（16）0.01 M NaOH 为电泳槽上槽液（负极）。

（17）0.02M H_3PO_4 为电泳槽下槽液（正极）。

（18）1% 溴酚蓝染色液（用 0.005N NaOH 配制）。

（19）洗脱液：7% 醋酸溶液。

（20）pH 标准液。

【器材】

（1）pH 计。

（2）玻璃电极。

（3）微量甘汞电极。

（4）玻瓶塑料内盖。

（5）其余与"聚丙烯酰胺凝胶电泳分离血清蛋白"方法相同。

【操作】

(1) 每人取电泳玻管 1 支，用玻棒塞堵住底部，加 40% 蔗糖溶液 1~2 滴于底端。

(2) 制胶(10 人一组)：

吸取：　25% Acr 溶液和 1% Bis 溶液　　　　4.0 mL

　　　　12% 蔗糖溶液　　　　　　　　　　7.6 mL

　　　　0.08% TEMED 溶液　　　　　　　　4.8 mL

　　　　40% Ampholine 溶液　　　　　　　0.4 mL

在桑玻氏管或三角烧瓶中混匀，用真空泵抽气至无气泡为止。

经抽气后再加 0.4% 过硫酸铵 0.8 mL、血清 0.4 mL，共 18 mL，混匀备用，可灌电泳玻管 10 支(示教时上述量酌减)。

(3) 用玻璃滴管灌胶于电泳玻管内，高约 10 cm，然后在上层覆盖蒸馏水，高约 0.1 cm，垂直静置于试管架中，待其成胶。

(4) 成胶后(第二次出现界面)，用滤纸条吸干上层覆盖水，并拔去底端玻棒塞，吸干蔗糖，将凝胶玻管套在橡皮塞中，并装在电泳槽内，用滴管将胶管上、下两端分别用上、下槽电泳液灌满，排出空气。

上槽——负极　　　　0.01 M NaOH

下槽——正极　　　　0.02 M H_3PO_4

(5) 电泳：恒压 400 V，电流可变，时间 3.5 小时，也可更长些(4~6 小时)。

(6) 到时间后，停止电泳，取出胶管，先用蒸馏水冲洗两端胶面，然后用长针头注水剥离胶条。

(7) 固定染色：其中五件胶剥出后放入固定染色液中染色，1 小时后移至洗脱液中洗脱，观看区带。

(8) 测 pH 梯度：另外五件胶剥出后，放在玻板上，用滤纸吸干水分，放在画有刻度的纸上，将胶条切成小段，每段 0.5 cm 长，然后按顺序放在装有 1 mL 重蒸馏水的小试管中洗脱，1 小时后，用微电极测 pH 梯度。

(9) 以胶条的长度为横坐标，pH 为纵坐标作曲线图。

【注意事项】

(1) 准备电泳玻璃管加入蔗糖后，先观察是否漏液，如漏液需换管。

(2) 灌胶时，应无气泡，上层覆盖蒸馏水时，不能冲动界面，否则胶面不平。

(3) 灌完胶后，要垂直放置在管架上，以免胶面不平。

(4) 胶管装至电泳槽上时，用力要轻，以免损坏电泳槽，胶管尽可能垂直而不要歪斜。

(5) 电泳完毕，取出胶管后用水冲洗其两端，以免影响 pH 的测定。

(6) 剥胶于玻璃板上后，要用滤纸吸干，以免污染，影响 pH。

(7) 用 pH 计测定时，要小心，勿损坏玻璃电极和甘汞电极。

(8) 溴酚蓝直接染色 5 分钟，易洗脱(约半小时)，但区带易扩散，不能保存，只能作即时观察。若标本要长期保存，需要氨基黑或考马斯亮蓝染色。

【思考题】

(1)试述等电聚焦电泳的基本原理。

答：

(2)为什么正极用酸负极用碱作为电极液?

答：

实验七·血清脂蛋白快速超离心分离试验

【实验原理】

血清脂蛋白按超离心方法可分为乳糜微粒(CM)、极低密度脂蛋白(VLDL)、低密度脂蛋白(LDL)、高密度脂蛋白(HDL)四类(空腹血清无CM)。血清脂蛋白的分离可为脂蛋白代谢和冠心病研究提供研究材料,也可作临床诊断的指标。

分离血清脂蛋白的方法很多,且各有所长。分离时间最短的2小时,最长的可达几十小时。本试验采用一种快速分离方法,通过4小时超离心,可取得满意的效果。

快速分离后,离心管中可出现4条界限分明的区带。最上面是VLDL,呈乳白色;最下面是非脂蛋白蛋白质,呈黄色;中间有LDL和HDL,均呈淡黄色。这样,可把VLDL,LDL,HDL三个区带取出,再用于蛋白质测定、胆固醇测定、电泳测定以及电子显微镜观察。

【试剂】

(1)密度为1.3 g/mL的血清样品制备:取人血清8 mL,加入固体溴化钾(KBr)粉末,用称重法制备其密度为1.3 g/mL,振荡溶解成溶液备用。

(2)0.9%氯化钠溶液制备:称氯化钠(NaCl)1.9g,加入蒸馏水1000 mL搅拌溶解成溶液备用。

(3)人血清、KBr、NaCl等。

【仪器】

日立80 P-7型超离心机,RPS65T水平转头,DGF-U梯度形成仪,751型分光光度计,分部收集器。

【操作】

1.超离心分离

(1)取3支容量为5 mL的离心管,并编号,各离心管内加入密度1.3 g/mL的血清样品1.5 mL。

(2)在每支离心管的血清上面加入0.9%氯化钠溶液3.5 mL。

(3)三支离心管平衡,放入RPS65T转头中,将转头放入超离心机中,调转速53 000 rpm(233 000 g),10℃以下离心4小时(不加速)。

(4)停机后,小心取出离心管,观察分离区带的颜色。

2.区带测定

(1)用DGF-U梯度仪从上往下抽出离心管内液体,并用部分收集器每5滴收集成1管,共收30管。

(2)往每支收集管中加入0.9%氯化钠溶液3.5 mL,以氯化钠溶液作一空白管,在751型紫外分光光度计下用280 nm波长测出每管的吸收值A。

(3)以管号为横坐标,以吸收值A为纵坐标绘图。观察有几个蛋白吸收峰,指出各相当于哪类脂蛋白的区带。

【思考题】

临床测定血清脂蛋白含量有何意义？

答：

实验八 · DEAE 纤维素离子交换层析法分离血清蛋白质

【实验目的】

掌握 DEAE 纤维素离子交换层析法的基本原理。

【实验原理】

将血清蛋白质加到 2 - 二乙氨基乙基纤维素，（diethylaminoethyl cellulose，简称 DEAE 纤维素）离子交换层析柱上，蛋白质分子可与离子交换纤维素之间以离子键结合，其结合能力的大小主要决定于蛋白质分子所带的电荷量。由于血清各种蛋白质的等电点不同，因而其荷电量不同，与纤维素结合的能力也不同。应用梯度洗脱法，逐渐改变洗脱液的 pH，使吸附在离子交换纤维素上的蛋白质依次失去电荷，并且通过逐步增加流动相的离子强度使加入的离子与蛋白质竞争纤维素上的电荷位置，从而使血清中的 γ 球蛋白、α 球蛋白和 β 球蛋白、清蛋白几个部分被洗脱下来，以达到分离纯化。

【试剂】

（1）DEAE 纤维素，DE22 或 DE52。

（2）0.5mol/L HCl 溶液。

（3）0.5mol/L NaOH 溶液。

（4）0.01 mol/L Na_2HPO_4 溶液。

（5）0.5mol/L $Na_2H_2PO_4$ 溶液。

【器材】

梯度混合器、自动部分收集器、恒流泵、紫外监测仪、层析柱、记录仪。

【操作】

（1）DEAE 离子交换纤维素的处理：称取 3 克 DEAE 纤维素—22 轻撒在盛有 4 5mL 0.5 mol/L HCl 的 100 mL 量筒的液面上，轻轻摇动使其自然下沉，浸泡 30 分钟后（注意：HCl 处理时间不宜太长，以免纤维素变质），加蒸馏水至 100 mL，用玻璃棒搅拌，静置约 10 分钟，倾去上层悬浮的细颗粒。重复加水、静置、倾去上层悬浮的细颗粒等步骤 2～3 次。然后，倾入有细尼龙布滤布的漏斗上过滤（或布氏漏斗抽滤），用蒸馏水洗至流出液的 pH≥4（用 pH 试纸检查）。

再将纤维素放入 250 mL 烧杯中，加入 0.5 mL/L NaOH 45 mL，浸泡 30 分钟后，加蒸馏水至 100 mL，搅拌后倾入有细尼龙布滤布的漏斗上过滤（或布氏漏斗抽滤），用蒸馏水洗至流出液的 pH≤8。

如用已经预处理过的 DE52 湿性纤维素，则称取 4 g 用蒸馏水洗至无醇味即可。

（2）平衡：将上述处理过的纤维素放入 250 mL 的烧杯中，加入 0.01 mol/L 的 Na_2HPO_4 100 mL 搅拌，放置 5 分钟，倾去上层液体，重复几次，直至 pH = 8。最后再加 0.01 mol/L Na_2HPO_4 100 mL 搅匀。

（3）装柱：取洁净的层析柱（柱体直径 1 cm，高 20 cm）1 支，如底部无柱支持物，则放上尼龙滤布一小片或脱脂棉或玻璃纤维少量。下端出水管套上细橡皮管。将层析柱垂直地夹在铁支架上，以起始缓冲液充满柱下死腔，排出气泡后以螺旋夹关闭出口。用滴管向柱内注入少量上述处理过的纤维素悬液，让其沉降至床高约 1 cm，松开螺旋夹，使缓冲液慢慢流出，陆续加入纤维素悬液（注意不要带入气泡，如混悬液过浓，可适量增加 Na_2HPO_4 溶液），添加时轻轻将柱内上层浆液搅匀，以防形成明显的胶液界面而使柱床出现分层现象。也可将纤维素悬浮液一次倒入层析柱内，使其自然沉降。出现明显的胶液平面时（如不平可用小玻璃棒轻搅界面使其重新沉降至平坦），在柱顶液面上放一小片圆形滤纸，使其自然沉降，水平覆盖于纤维素床表面，关闭柱出口。装好的柱内，交换剂分布均匀，不含气泡，无断层，柱床表面平坦，否则应重新装柱。

（4）加样：打开柱出口使床表面上只留下极薄的一层缓冲液，立即关闭出口。用吸量管小心向柱顶滤纸片中央缓慢加入血清 0.5 mL（注意吸管不要接触床面），打开螺旋夹，使液体缓慢流出（5～10 滴/min）。待全部血清刚好流入纤维素床界面，立即用滴管沿管壁小心加入 0.5 mL 的 0.01 mol/L 的 Na_2HPO_4 溶液；当液面接近床面时，拧紧螺旋夹，并将出口橡皮管连接到收集器上。

（5）洗脱：将梯度发生器之间的橡皮管通道以螺旋夹拧紧，在有出口的一侧容器中加入 30 mL 0.01 mol/L 的 Na_2HPO_4 溶液，另一侧加入 30 mL 的 0.5 mol/L 的 Na_2HPO_4 溶液（梯度发生器可用中间以虹吸管相连的两个 100 mL 的烧杯来代替）。两容器置同一水平高度（如无恒流泵则可放在比层析柱高 30～50 cm 处），并在出口侧容器置一电磁搅拌器。松开盛液器间的抛螺夹，驱赶掉通道中的气泡，开动电磁搅拌器（速度不要太快），将连接梯度发生器出口的细橡皮管（可通过恒流泵）连接到层析柱顶橡皮塞（或滴管帽）上的细尼龙管上，使缓冲液流入柱内（注意柱顶要密闭，不可漏气），松开层析柱出口螺旋夹，控制液体流速为 5～7 滴/min，每管收集 3 mL（约 10 分钟），共收集 15～20 管。

（6）检测

1）用紫外分光光度计检测各收集管在 280 nm 波长下的吸光度（用蒸馏水调零）。以吸光度为纵坐标，管号为横坐标，绘制血清蛋白质洗脱曲线。

2）取 3 个吸收峰顶的蛋白质收集管同时做醋酸纤维素薄膜电泳，并同时以血清作对照比较层析效果。由于各收集管所得蛋白质溶液浓度较低，电泳时，用毛细管点样可重复多点几次。

为了取得较浓的蛋白质溶液供电泳检测，可采用下述快速浓缩方法：取小试管 1 支，放少量交联葡聚糖凝胶 G - 50 干胶于试管中，加入蛋白质收集液，摇匀，待 G - 50 凝胶膨胀后以 3 000 rpm 离心 10 分钟（或静置澄清）后，取上清液做电泳。

（7）离子交换纤维素的再生及保存：离子交换纤维素可以反复使用。在一次实验结束后，用 0.5 mol/L NaOH 洗涤，以除去残留蛋白质，然后用蒸馏水洗净碱液，用起始缓冲液平衡，供下次使用。如果被分离物含脂类较多（如血清），可用乙醇洗涤，以避免未皂化脂类的积累。

如暂不使用，应以湿态保存在 1% 正丁醇的缓冲液中，以防霉变。

【思考题】

(1)离子交换层析法的基本原理是什么?

答:

(2)试述梯度发生器的工作原理。本实验中 pH 梯度的变化为何要由高到低,而离子强度的梯度变化要由低到高?

答:

(3)试预测最先和最后洗脱下来的各是何种蛋白质?

答:

实验九·亲和层析法纯化胰蛋白酶

【实验目的】

掌握分离纯化大分子物质的一种方法。

【实验原理】

鸡蛋清的卵类黏蛋白是胰蛋白酶的天然抑制剂，且有较高的专一性(对胰凝蛋白酶无抑制作用)，因而可用来作为配基，用共价结合法偶联于固相载体上，制成亲和吸附剂。由于它与胰蛋白酶在 pH 7～8 条件下能专一地结合，而在 pH 2～3 条件下又能重新解离，因而可以采用亲和层析法与改变洗脱缓冲液的条件将胰蛋白酶进行纯化。

本实验所用的固相载体是琼脂糖凝胶(sepharose 4B)，预先在碱性条件下用溴化氰(CNBr)活化，可以引入活泼的"亚氨基碳酸盐"，再在弱碱的条件下直接偶联卵类黏蛋白的游离氨基(N-末端 α—氨基和侧键的 ε—氨基)，形成氨基碳酸盐和异脲衍生物，反应过程示意如下：

OH / OH (载体) — CNBr 活化 → O / O C—NH (活化载体) — H₂N-蛋白质 偶联 → O—C—NH—蛋白质(NH) / O—C(O)—NH—蛋白质 / OH (亲和吸附剂)

亲和层析法的优点是：亲和层析柱的非专一性吸附较低，有利于纯化，同时流速快，结合量较高。

亲和层析法纯化胰蛋白酶所用的配基除卵类黏蛋白外，还可用大豆胰蛋白酶抑制剂、胰血管舒张素抑制剂等天然胰蛋白酶抑制剂。但是，这些天然抑制剂的专一性较差，对胰凝乳蛋白酶、溶血纤蛋白酶和胰血管舒张素等也有抑制作用，所以在纯化胰蛋白酶时没有卵类黏蛋白效果好。另外，卵类黏蛋白比较容易获得纯品，收率也高。因此，本实验采用它作为亲和层析纯化胰蛋白酶的配基。

如果要求获得高纯度的胰蛋白酶(即其中几乎无胰凝乳蛋白酶)，则最好采用较纯的卵类黏蛋白(已除去其中的胰凝乳蛋白酶抑制剂)，否则采用部分纯化的甚至粗的产品。

亲和吸附剂的蛋白偶联量一般有两种测量方法：一种是直接测量法，即通过亲和吸附剂定氮或氨基酸组成分析来直接获得蛋白偶联量的数据；另一种是间接测定法：即将偶联时所用的蛋白量减去偶联后所残存的末偶联的蛋白量(偶联后的母液和洗液中的蛋白量总和)即为被结合的蛋白量。蛋白质的测定方法可用紫外吸收法。本实验为了简便起见，采用间接测定法。亲和吸附剂的活性可用单位重量的亲和吸附剂所呈现的抑制胰蛋白酶的量来表示。

【试剂】

（1）sepharose 4B。

（2）0.5 M 氯化钠溶液。

（3）溴化氰（分析纯）。

（4）2N 氢氧化钠溶液。

（5）0.1 M，pH 9.5 碳酸氢钠缓冲液。

（6）卵类黏蛋白（粗品或部分纯品）。

（7）0.2 M 甲酸。

（8）0.2 M，pH 7.5 Tris – HCl 缓冲液。

（9）0.10 M，pH 7.5 Tris – HCl 缓冲液（含 0.5 M 氯化钾，0.05 M 氯化钙）。

（10）一次结晶猪胰蛋白酶（或其他较粗的胰蛋白酶）。

（11）0.10M 甲酸钾 –0.50M 氯化钾，pH 2.5 溶液。

（12）硫酸铵（分析纯）。

（13）稀盐酸溶液。

（14）0.8M，pH 9.0 硼酸盐缓冲液。

（15）BAEE –0.05M，pH 8.0，Tris – HCl 缓冲液（每毫升 Tris 缓冲液含 0.34mg BAEE 和 22mg 氯化钙）。

（16）0.05M，pH 8.0，Tris – HCl 缓冲液。

（17）结晶胰蛋白酶溶液（用 0.001 M HCl 配制）。

【器材】

（1）抽滤瓶和布氏漏斗。

（2）电磁搅拌器。

（3）pH 计。

（4）小烧结漏斗。

（5）紫外分光光度计。

（6）层析柱（2.0cm×8.0cm）。

（7）储液瓶。

（8）紫外检测仪和部分收集器

（9）防毒口罩和橡皮手套。

（10）显微镜。

（11）秒表。

（12）恒温箱。

【操作】

1. 亲和吸附剂——固相化卵类黏蛋白的制备

（1）sepharose 4B 的活化：取约 30 mL 的沉淀体积的 sephqrose4B，抽滤成半干物，用 0.5M 氯化钠溶液洗涤，最后用大量水洗，除去其中的保护剂和防腐剂。抽干，约得 16g 半干滤饼，放于一大小合适的容器内（小烧杯或小锥形瓶）加入等体积的水。用电磁搅拌器轻轻地进行搅拌，外置一水浴。此时，在通风橱内迅速称取 6g 溴化氰，研磨成粉末，逐步分数批加入，边加边搅拌，边测 pH 值（可在电磁搅拌器旁连接一 pH 计），通过逐滴滴入 2 M

氢氧化钠溶液，始终使悬浮物维持在 pH 10.5 左右。待所加入的溴化氰几乎反应完全，此时 pH 保持不变，即可停止搅拌。在反应悬浮物中加入少量小冰块，迅速转移到一小的烧结漏斗中进行抽滤，用大量的冰冷水洗，最后用冷的 0.1M，pH9.5 的碳酸氢钠缓冲液洗，其用量相当于所用凝胶体积的 10 ~ 15 倍(即 300 ~ 450 mL)，抽干。

(2)卵类黏蛋白的偶联，取 3 g 卵类黏蛋白(部分纯化品或粗品，含 1.7 g 蛋白)，经水透析后，用 0.1 M，pH 9.5 碳酸氢钠缓冲液在冷处透析平衡，体积控制在 30 mL 左右(与凝胶体积大致相同)，并转移到一小烧杯或小锥形瓶内，预冷至 4℃后，迅速加入活化了的 sepharose 4B 凝胶中。因为活化了的产物很不稳定，因此由停止活化到开始偶联的时间要尽量短，最好不超过 2 分钟。在 4℃继续缓慢搅拌，注意搅拌速度不能太剧烈，防止珠状凝胶粒被打碎，而影响以后的层析速度。偶联反应虽然在头 2 ~ 3 小时基本完成，但需较长时间搅拌，目的是为了使凝胶的活化基团完全消失。在反应 16 ~ 20 小时后，抽滤。用 0.2 M 甲酸(约为凝胶体积的 2 ~ 3 倍)和 0.2 M，pH 7.5 Tris - 盐酸缓冲液洗，直到流出液中没有明显的蛋白为止(在 280nm 紫外分光度计测定，OD 值低于 0.020)。抽干，置冰箱保存备用。根据偶联前所用蛋白量和偶联后残存母液、洗液中蛋白量(都用紫外分光光度法)S6 测定，所得亲和吸附剂蛋白质的含量为每毫升沉淀凝胶 30 ~ 40 mg 蛋白。它所呈现的活性为每毫升沉淀凝胶结合(抑制)7.5 mL 胰蛋白酶。抑制胰蛋白酶量的测定方法不同的是：在测活过程中，要不断搅拌，防止固体亲和吸附剂下沉，影响测量结果；另外亲和吸附剂的用量要低于胰蛋白酶量。

2. 亲和层析纯化胰蛋白酶

将偶联好的卵类黏蛋白、sepharose 4B 亲和吸附剂装柱(2.0cm × 8.0cm)，用 0.10 M. pH 7.5Tris 盐酸缓冲液(含 0.5 M 氯化钾，0.05 M 氯化钙)平衡柱。缓冲液中氯化钾是为了增加缓冲效果和促进流速，氯化钙是有利于酶与抑制剂的结合。将约 1 g 一次结晶猪胰蛋白酶(蛋白含量 50% ~ 60%，比活力每毫克蛋白约为 8.000 BAEE(苯甲酰 L - 精氨酸乙酯)单位)溶于少量平衡缓冲液内(若有不溶物应离心除去)，然后上柱吸附，流速控制在 1.5 mL/min 以内。吸附完毕，再用相同缓冲液冲洗亲和柱直到流出液 OD. A_{280} 值在 0.020 以下。此时，改用 0.01 M 甲酸钾 - 0.50 M 氯化钾 pH2.5 溶液缓慢解吸，用紫外检测仪检测和部分收集器收集，即可得一个蛋白峰。经分析所得活性分段含蛋白约 170 mg ~ 200 mg，比活力约为 10000 BAEE U/mg 蛋白结晶。

对所得活性分段在室温下应用硫酸铵盐法(达 0.8 饱和度)，放置数小时后抽滤得半干滤饼。再将滤饼溶于少量稀盐酸中，将溶液调至 pH 2.5 ~ 3.0(若浑浊应离心除去不溶物)，然后加入约为其 1/4 体积的 0.8M，pH9.0 的硼酸盐缓冲液，调至 pH8.0，轻轻搅匀溶液，在冰箱放置，次日即出现胰蛋白酶结晶，在显微镜下观察呈短棒状(图4-1)。

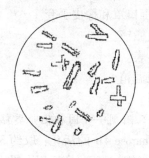

图4-1　显微镜下观察胰蛋白酶结晶呈短棒状

已解吸完毕的亲和柱，可仍用原来的平衡缓冲液冲洗平衡，以供再次亲和层析使用，该柱可反复使用多次。

3. 测定胰蛋白酶的活力（用 BAEE 为底物紫外吸收法）

以苯甲酰 L - 精氨酸乙酯（BAEE）为底物，用紫外吸收法测定，其方法如下：

取 2 个石英比色池（带盖，光程为 1cm），分别加入 25℃预热过的 2.80 mLBAEE - 0.05 M 和 pH 8.0 Tris 盐酸缓冲液（含氯化钙），然后向一个池加入 0.20 mL 0.50 M，pH 8.0 Tris 盐酸缓冲液，混合，作为空白对照调零点。另一池加入 0.20 mL 酶液（用量一般为 10 μg 蛋白的结晶酶），立即混匀并计时，于 253 nm 处测定其吸光度（增加），每隔半分钟读一次数，共 3～5 分钟。若△OD/min ＞0.400，则酶液需要适当稀释或减量。

根据时间以及吸光度关系曲线中的直线部分，任选一时间间隔与相应的吸光度值变化（△OD.），按以下公式计算胰蛋白酶的活力单位和比活力：

$$酶活力单位（BAEE 单位）= \triangle OD.t/t \times 0.001$$

$$比活力 = 酶活力单位数/毫克蛋白质$$

$$= (\triangle OD.t \times 1000)/(\varepsilon \times t \times 0.001)$$

式中：△OD.t 为任选的 t 时间间隔（分）内吸光度值的变化（增加）；ε 为测定时所用的酶蛋白量（微克）；1000 为酶蛋白由微克换算成毫克的转换值；0.001 为吸光度值，增加 0.001 定为 1 个 BAEE 活力单位的常数。

【注意事项】

（1）溴化氰活化过程中首先要控制好 sepharose 4B 与溴化氰的比例，一般为每毫升沉淀凝胶用 50～300 mL 溴化氰。其次，要控制好温度和 pH，温度尽量要低（用冰浴保持）。由于活化最适 pH 为 10～11，而加入溴化氰后，随着反应的进行，pH 急剧下降，所以要随时用氢氧化钠溶液来调节。

（2）反应时，溴化氰可以分批直接加入，也可先溶于水，然后分批加入。由于溴化氰在水中溶解较慢，所以反应时间较长，但一般尽量不超过 20 分钟。也可以将溴化氰预先用适量的乙腈溶解，然后分批加入。由于它在乙腈中的溶解度大，所以反应时间可大大的缩短，且 pH 也比较容易控制。

（3）溴化氰为剧毒物，又极易挥发和分解，所以必须在良好的通风橱内操作，操作者戴好防毒口罩和橡皮手套。

（4）读吸光值时必须快而准。

【思考题】

（1）何谓亲和层析？常用的载体有哪些？

答：

(2)胰蛋白酶有何生理功用?

答:

(3)为保持酶的活力,操作中应注意哪些事项?

答:

实验十·血清清蛋白、γ球蛋白的分离纯化及鉴定

【实验目的】

(1)要求学生掌握蛋白质分离纯化的原理。

(2)了解凝胶层析、离子交换层析的原理。

(3)通过该实验掌握分离纯化血清清蛋白的基本方法:盐析(粗分级)→凝胶层析法脱盐→离子交换层析(细分级)。

【实验原理】

欲研究蛋白质的分子结构、组成和某些物理化学性质以及生物学功能等,需要纯度均一的甚至是晶体的蛋白质样品。分离和纯化蛋白质的各种方法都是基于不同的蛋白质之间各种特性的差异,如分子的大小和形状、等电点(pI)、溶解度、吸附性质和对其他分子的生物学亲和力;采用的程序一般分三步,预处理→粗分级→细分级。

本实验是利用盐析(粗分级)及离子交换层析(细分级)来分离、纯化血清清蛋白和γ球蛋白(目标蛋白):首先用盐析作粗步分离,在半饱和硫酸铵溶液中、血清球蛋白沉淀下来,经离心后上清中主要含清蛋白。第二步用凝胶层析法脱盐,蛋白质的相对分子质量较硫酸铵大得多,选择适宜的凝胶分级范围,依分子筛效应,除去粗分离样品中盐类。最后经离子交换层析纯化目标蛋白,利用蛋白质的 pI、选择合适的 pH 缓冲溶液、改变溶液的离子强度,以使目标蛋白和杂蛋白分开,经脱盐的样品溶解在 0.02 mol/L 醋酸铵缓冲液(pH 6.5)中,加到 2 - 二乙基氨基乙基(DEAE)纤维素层析柱上,在此 pH 时,DEAE 纤维素带有正电荷,能吸附负电荷的清蛋白(pI 约 4.9)、α 球蛋白及 β 球蛋白(绝大多数 α 球蛋白及 β 球蛋白的 pI 均小于6)。而 γ 球蛋白(pI 约7.3)带正电荷,不被吸附,故直接流出,此时收集所得即为提纯的 α 球蛋白。提高盐浓度(用 0.06 mol/I 醋酸铵),离子交换柱上的 β 球蛋白及部分 α 球蛋白可被洗脱下来。继而将盐浓度提高至 0.3 mol/L 醋酸铵,则清蛋白被洗脱下来,此时收集的即为较纯的清蛋白(尚混以少量 α 球蛋白)。

收得的蛋白质可进行纯度和含量的测定。

【试剂】

醋酸铵(NH_4Ac),氯化钠(NaCl),硫酸铵,磺基水杨酸,氯化钡($BaCl_2$)等。

1.试剂

(1)3 mol/L NH_4Ac 缓冲液(pH 6.5)1 000 mL:称取 NH_4Ac 23.13g,加蒸馏水 800 mL 溶解,用 pH 计在电磁搅拌下滴入稀氨水或稀 HCl,准确调 pH 6.5,再加蒸馏水至 1 000 mL。

(2)0.06 mol/L NH_4Ac(pH6.5):取 0.3 mol/L NH_4Ac 用蒸馏水作 5 倍稀释。

(3)0.02 mol/L NH_4Ac(pH6.5):取 0.06 mol/L NH_4Ac 用蒸馏水作 3 倍稀释。

上述三种缓冲液必须准确配制,并用 pH 计准确调整 pH,用蒸馏水稀释后应再用 pH 计测试 pH。由于 NH_4Ac 是挥发性盐类,故溶液配制时不得加热,配好后必须密封保存,以防 pH 和浓度发生改变,否则将影响所分离的蛋白质纯度。

(4)1.5 mol/L $NaCl^-$ 0.3 mol/L, NH_4Ac:称取 NaCl 87.7 mg,溶于 0.3 mol/L NH_4Ac(pH 6.5)中至 1 000 mL。

(5)饱和硫酸铵溶液：称取$(NH_4)_2SO_4$ 850g 并加入 1 000 mL 蒸馏水中，在70℃～80℃水浴中搅拌促溶，室温下放置过夜，瓶底析出白色结晶。上清液即为饱和硫酸铵溶液。

(6)200 g/L 磺基水杨酸。

(7)10 g/L $BaCl_2$。

【器材】

pH 计，层析柱(1 cm×15 cm、1 cm×25 cm)，固定架，聚乙烯管(不同规格)，凹孔反应板，水浴锅等。

【操作】

(一)层析柱的准备

1. 葡聚糖凝胶 G-25 层析柱

(1)凝胶的准备：称取葡聚糖凝胶 G-25(粒度 50-100 目干胶，100 mL 凝胶床需干胶 25 g)，按每克干胶加入蒸馏水约 50 mL，轻轻摇匀，置于沸水浴中 1 小时，并经常摇动使气泡逸出，取出冷却。凝胶沉淀后，倾去含有细微悬浮物的上层液，加入 2 倍量 0.02 mol/L NH_4Ac(pH6.5)缓冲液摇匀。静置片刻待凝胶颗粒沉降后，倾去含细微悬浮的上层液。再用 0.02 mol/L NH_4Ac(pH 6.5)重复处理一次。

(2)装柱：选用细而长层析柱(1 cm×25 cm)，柱出口端套上粗而短的聚乙烯管，下端内塞一小段浸泡 0.02 mol/L NH_4Ac、除去气泡的石棉网或海绵(不宜太紧或太松，以凝胶粒不致漏出而又不影响流速为好)。将管垂直固定于架上，管内加入少量 0.02 mol/L NH_4Ac，再经上述处理的凝胶粒悬液连续注入层析管，直至所需凝胶床高度(20 cm)。装柱时应注意凝胶粒均匀，凝胶床内不得有界面、气泡，床表面应平整。装柱后，层析柱接上恒压储液瓶，调节流速约为 2 mL/min，用 0.02 mol/L NH_4Ac 洗涤平衡。

(3)再生及保存：凝胶层析柱可反复使用。每次用后以所需的缓冲液洗涤平衡后即可再用。

久用后，若凝胶床表面层有沉淀物等杂质滞留，可将表面一层凝胶粒吸出，再添补新的凝胶；若凝胶床内出现界面、气泡或流速明显减慢，应将凝胶粒倒出，重新装柱。为防止凝胶霉变，暂不用时应当用含 0.2 g/L NaN_3 的缓冲液洗涤后放置，久不用时宜将凝胶粒由柱内倒出，加少量 0.2 g/L NaN_3 湿态保存于 4℃冰箱内，但应严防低于 0℃，以免冻结损坏凝胶层析柱。

2. DEAE 纤维素层析柱

(1)酸碱处理：DEAE 纤维素均可按 0.5 mol/L NaOH→0.5 mol/L HCl→NaOH(碱→酸→碱)程序处理。称取 DEAE 纤维素干粉，按干量 1:10～15 之比，先于 0.5 mol/L NaOH 浸泡 30 分钟，然后用水洗至 pH 7.0。

(2)装柱、平衡：选用短而粗的层析柱(1 cm×15 cm)，柱出口端套上细而长的聚乙烯管，将经酸碱处理的 DEAE 纤维素用 0.02 mol/L NH_4Ac 缓冲液(pH 6.4)浸泡，滴入醋酸调节 pH，搅拌、放置 10 分钟后，pH 应为 6.5。倾去上清液，装柱，层析柱床体积约 1 cm×6 cm。装柱同时应注意装得均匀，床内不得有界面、气泡，表面要平整。装柱后接上恒压储液瓶，用 0.02 mol/L NH_4Ac 洗涤平衡。

(3)再生及保存：DEAE 纤维素用过一次样品分离后，可用 1.5 mol/L $NaCl^-$ 0.3 mol/L NH_4Ac 缓冲液流洗，再用 0.02 mol/L NH_4Ac 缓冲液(pH 6.5)洗涤平衡后可重复使用。若层析柱床顶部有洗脱不下来的杂质，应将顶层的 DEAE 纤维素吸弃，补添新的、经酸碱处理过的 DEAE 纤维素并用缓冲液流洗平衡。多次使用后如杂质较多或流速过慢，可将 DEAE 纤维素倒出，先用 1.5～2 mol/L NaCl⁻ 浸泡，水洗，再如上述用酸碱处理后重新装柱。如暂不使用，应将凝胶层析柱湿态(将凝胶粒从柱中倒出)保存在含 1% 正丁醇的缓冲液中，以防霉变。

(二)分离、纯化

1. 盐析

取 0.5 mL 血清，边摇边缓慢滴入 0.5 mL 饱和硫酸铵，混匀后室温下静置 10 分钟，3000～5000 rpm 离心 10 分钟，用点滴管小心吸出上层清液(尽量全部吸出，但不得有沉淀物)，作为纯化清蛋白之用。沉淀加入 0.6 mL 蒸馏水，振摇使之溶解，作为纯化 γ 球蛋白用。

2. 脱盐

(1)上样：用经 0.02 mol/L NH₄Ac 流洗平衡 G-25 层析柱，取下恒压储液瓶，小心控制柱下端聚乙烯管，使柱上的缓冲液面刚好下降到凝胶床表面，柱下面用 10 分钟刻度量筒接液，以便了解加样后液体的流出量。立即用细长点滴管将经盐析所得的粗制蛋白质溶液小心而缓慢地加到柱床表面，放低聚乙烯管使样品进入凝胶床至液面降至床表面为止。用 2 mL 0.02 mol/L NH₄Ac 洗涤层析柱壁，将其放入凝胶床后，重复三次以洗净沾在管壁上的蛋白质样品液，接上恒压储液瓶。

(2)收集：继续用 0.02 mol/L NH₄Ac 流洗，在反应板凹孔内每孔加 2 滴 200 g/L 磺基水杨酸，随时检查流出液中是否含有蛋白质。若流出液滴入凹孔接触到磺基水杨酸溶液时，衬着黑色背景观察可见白色浑浊或沉淀，表示已有蛋白质流出。立即收集流出的蛋白质液体，清蛋白脱盐时可继续收集 3～4 管，每管收集 15 滴(约 1 mL)，收集的各管中取 2 滴流出液于反应板各孔内，加 1 滴 10 g/L BaCl₂ 检查有无 SO_4^{2-}，将无 SO_4^{2-} 的各管合并，有 SO_4^{2-} 的弃去。γ 球蛋白脱盐时可继续收集 2～3 管，每管收集 10 滴，用 10 g/L BaCl₂ 检查有无 SO_4^{2-}，将无 SO_4^{2-}、蛋白质浓度最高的管合并，待纯化。

(3)平衡：收取蛋白质后的凝胶层析柱继续用 0.02 mol/L NH₄Ac 流洗，用 10 g/L BaCl₂ 检查流出液，当检查为阴性后，继续洗涤 1～2 个柱床体积。凝胶层析柱即已再生平衡，可再次使用。

3. 纯化

(1)准备：将经过流洗平衡 DEAE 纤维素层析柱，取下其恒压储液瓶塞，小心控制柱下端聚乙烯管，使柱上缓冲液面刚好下降到 DEAE 纤维素床表面，柱下用 10 mL 刻度量筒收集液体，一般了解加样后液体流出量。在反应板凹孔内每孔加 2 滴 20% 磺基水杨酸，随时准备检测流出液中是否含有蛋白质。

(2)纯化 γ 球蛋白：缓慢地将脱盐后 γ 球蛋白样品加到柱上，调节层析柱下端的聚乙烯管，使样品进入柱床内，至液面降到柱床表面为止。小心用 1 mL 0.02 mol/L NH₄Ac 缓冲液洗涤沾在管壁上的蛋白质样品，然后将其放入柱床内，并重复一次。继续用缓冲液流洗，并随时用 200 g/L 磺基水杨酸检查流出液中是否含有蛋白质，当见轻微白色浑浊(约流出一个柱床体积)，立即连续收集 3 管，每管 10 滴，此不被 DEAE 纤维素吸附的蛋白质，即为纯化的 γ 球蛋白，取其中蛋白质浓度高的两管留作含量测定和纯度鉴定用。继续流洗

2 个柱床体积，待纯化清蛋白。

(3)纯化清蛋白：脱盐后清蛋白样品上柱后，改用 0.06 mol/L NH₄Ac 缓冲液（pH6.5）洗脱，并用20%磺基水杨酸检查流出液是否含有蛋白质。由于纯化的清蛋白仍然结合有少量胆色素等物质，故肉眼可见一层浅黄色的成分被 0.3 mol/L NH₄Ac 缓冲液洗脱下来。大约改用 0.3 mol/L NH₄Ac 洗脱液约 4 mL 时，即可试出蛋白质已白色浑浊，立即连续收集 3 管，每管 10 滴，此即为纯化的清蛋白液。取其中蛋白质浓度高的两管留作含量测定和纯度鉴定用。用过的 DEAE 纤维素层析柱，应重新再生平衡，方法如下：先用 20 mL 1.5mol/L NaCl 溶液、0.3mol/L NH₄Ac 溶液流洗，再用 40 mL 0.02 mol/L NH₄Ac（pH 6.5）溶液流洗平衡即可。

【注意事项】

(1)准确配制 NH₄Ac 缓冲液并严格调整其 pH 至 6.5。

(2)所用血清应新鲜，无沉淀物。

(3)为使试验成功，层析时应特别注意以下几点：

1)严防空气进入层析柱床内，小心控制柱下端聚乙烯管，使柱上缓冲液刚好下降到柱床表面。

2)保持层析柱床表面完整，上样或加缓冲液时，动作应轻、慢，切勿将柱床表面冲起。

3)上样时，点滴管应沿柱上端内壁加入样品，切勿将点滴管插入过深，避免管尖部折断在层析柱内。

4)流洗时注意收集样品，切勿使样品跑掉，并注意层析柱不要流干或进入气泡。

(4)本实验清蛋白结果很明显，γ球蛋白极易跑掉，防止方法：一是增加血清用量（人血清 1~2 倍，动物血清 3~4 倍）；二是加样后，随时检测，有轻微乳白色沉淀，立即收集。

(5)切勿将检查蛋白质的试剂和检查 SO₄²⁻ 的试剂搞混，因两者与相应物质生成的沉淀均为白色。

(6)用过层析柱必须再生、平衡。

【思考题】

血清清蛋白、γ 球蛋白的分离纯化方法有哪些步骤？

答：

实验十一·密度梯度离心法分离肝细胞器

【实验目的】

（1）掌握密度梯度离心法分离不同细胞器的原理。

（2）熟悉密度梯度离心法的操作方法和技巧。

【实验原理】

离心技术是在生物学研究中应用很广的分离技术，它可以用于高分子物质（如蛋白质、核酸）以及细胞或亚细胞成分的分离、提纯和鉴定。特别是离心机转速可高达 20 000 rpm 的高速离心机及可达 50 000 rpm 以上的超速离心机应用日益广泛，已成为现代生物学研究的重要手段。

离心技术是利用离心机的高速旋转时产生的强大离心力来达到物质分离的目的。物质颗粒在单位离心力作用下的沉降速度称为该物质的沉降系数，其单位为 svedberg，符号为 S。在每克 1 达因离心力的作用下沉降速度为每秒钟 10^{-13} cm，其沉降系数定为 1 S（1S = 1 × 10^{-13} cm/s/达因/g）。不同物质由于粒子的大小、形状、密度及介质的密度和黏度不同，其 S 值也不同，因此，在同样的离心力作用下，其沉降速度也不同。例如在水中各种亚细胞成分的 S 值有很大差别，细胞核约为 107 S，线粒体约为 105 S，而聚核蛋白体仅约 102 S，所以离心时，细胞核比其他两种亚细胞成分沉降要快得多。

在进行离心时，溶液中的粒子的离心力和离心机的转速有密切关系。在物理学上转速常以角速度（ω）来表示（弧度/s），它与离心机的每分钟转数（rpm）之间有如下关系：

$$\omega = 2\pi rpm/60$$

将其代入离心力 F = $m\omega^2 r$ 公式（r 为旋转半径，即粒子与离心机轴心间的距离，单位为厘米。实际应用时，常以离心管底内壁到轴心间的距离，或离心管内液柱顶和底部至轴心间的平均距离计算），有：

$$F = 4\pi^2 (rpm)^2 r/3600$$

可见，rpm 越大，离心力 F 就越大，所以用 rpm 可在一定程度上反映离心力的大小。

不过，在离心技术，特别是高速和超速离心技术，为了更精确表示离心力的大小，通常采用相对离心力（retative centrifugal force，RCF），即以离心力为地心引力的若干倍来表示：

$$F_R = \frac{4\pi^2 (rpm)^2}{3600 \times 980}, \text{简化可得}$$

$F_R = 1.12 \times 10^{-5} (rmp)^2 r$（单位为 g）式中的 980 为重力加速度（$g = 980$ 厘米^2/秒^2）。例如，当 $r = 20$ 厘米，rmp = 2000 转/分时，有：

$$F_R = 1.12 \times 10^{-5} \times 2000^2 \times 10 = 448g$$

应用上述公式的关系，也可以要求达到的相对离心力 F_R 值，推算出需要的离心机转速 rmp：

$$rmp = \sqrt{\frac{F_R}{1.12 \times 10^{-5} r}} \text{或 } rmp = 299\sqrt{\frac{F_R}{r}}$$

本实验采取在不同浓度蔗糖溶液（含 $CaCl_2$ 以稳定核膜及减少核的聚结）中进行离心的

方法,将动物肝细胞核与细胞质分离。

【试剂】

(1)含 1.8 m M $CaCl_2$ 的 0.25 M 蔗糖溶液:先准备好 10% $CaCl_2$ 溶液(100 mg/mL)。然后称取蔗糖 86g,放入 1000 mL 的烧杯中,加入蒸馏水约 500 mL 溶解蔗糖,再加入 10% $CaCl_2$ 溶液 0.2 mL,移入容量瓶中,然后加蒸馏水补足 1000 mL。

(2)含 1.8 m M $CaCl_2$ 的 0.34 M 蔗糖溶液:称取蔗糖 106 g,放入 1000 mL 的烧杯中,加蒸馏水约 500 mL 溶解,再加 10% $CaCl_2$ 液 0.2 mL,稀释(用容量瓶)到 1000 mL。

(3)含 1.8 m M $CaCl_2$ 的 1.2 M 蔗糖溶液:称取蔗糖 410 g,放入 1000 mL 的烧杯中,加蒸馏水 500 mL 溶解,再加 10% $CaCl_2$ 溶液 0.2 mL,稀释(用容量瓶)到 1000 mL。

【操作】

(1)匀浆制备:将实验动物处死后,立即用 0.9% 氯化钠注射液灌流肝脏,冲洗肝内血管中的血细胞。然后取肝组织一块,剪碎,除去结缔组织,称取 1 g 肝组织置匀浆器中,加入含 1.8 m M $CaCl_2$ 的 0.25 M 蔗糖溶液 5 mL,用电动搅拌器马达带动碾杆,以 600 ~ 1000 转/min 左右的速度上下捣碾约 30 次左右,制成匀浆,静置,收集上清液。

(2)细胞核的粗分离:取离心管 2 支,编号后各加入含 1.8 m M $CaCl_2$ 的 0.34 M 蔗糖溶液 5 mL。斜执离心管,用滴管分别吸取上层匀浆 10 滴,沿管壁缓慢加到 0.34M 蔗糖表面,使其成明显的界面。然后置离心机中,以 2300 ~ 2500 rpm 离心 10 分钟。上部液体含细胞质,移入试管留供以后测定。其底部沉淀即为细胞核的粗晶,将离心管倒置滤纸上,吸干残留的液体。然后各用 5 滴含 1.8 m M $CaCl_2$ 的 0.25 M 蔗糖溶液将沉淀悬起,合并在一起留作进一步纯化。

(3)用蔗糖密度梯度离心法进一步纯化:取梯度混合器,洗净并检查通道是否通畅,出口接细塑料管 20 ~ 30 cm。关闭出口与杯间通道,用吸量管吸取含 1.8 m M $CaCl_2$ 的 1.2 mol/L 蔗糖溶液 3 mL 置于前杯,吸取含 1.8 m M $CaCl_2$ 的 0.25 mol/L 的蔗糖液 5 mL 置于后杯。在前杯放磁力棒一根,前杯置于磁力搅拌器上,开动搅拌器(不要过快)。

取干净离心管 1 支,将梯度混合器插到离心管底部,缓慢打开出口通道和杯间通道,使杯内液体缓慢流入离心管中,后杯低浓度液体不断流入前杯补充,并与前杯原有液充分混合。直至全部液体流入离心管。小心移开离心管,密度呈下高上低的梯度蔗糖液即告制成(做 2 管)。

(4)斜执密度梯度蔗糖液管,用滴管小心将前面制得的粗提细胞核悬液移到离心管的蔗糖液面,以 300 g(1500 rpm)离心 5 分钟。可以看到离心管内液体呈 3 层:底部有沉淀(未破碎的完整细胞),顶部为线粒体等密度低的亚细胞器,中部液体即含有纯化的细胞核。

(5)染色鉴定:小心吸取少量各层液体分别涂片在载玻片上,苏木素染色,光学显微镜下观察细胞或细胞器形态,以鉴定分离效果。

【思考题】

密度梯度离心法的操作步骤和技巧有哪些?

答: